내 업을 찾으면 원하는 일로 억대 연봉 벌 수 있다

직장인 99%가 모르는
업을 찾는 비밀

工作如果只為溫飽，那跟社畜有什麼兩樣？

徐敏俊 서민준 著
陳聖薇 譯

方舟文化

各方推薦

把興趣拿來賺錢，大概是大部分人心裡無法達成的願望吧！其實奢求是有可能活在現實裡的，看看作者怎麼教你拿回夢想自主權。

律師娘　林靜如

「銷售能力」是我身上最重要的專業能力，擁有它，不僅讓我取得長期飯票，更掌握點石成金的價值詮釋與人生新定位。

強力推薦本書給想要成為小型企業主，或是力圖拚搏創業的朋友，讓韓國人生導師帶領您找到：從事業到志業的祕境道路。

知名講師、作家、主持人　謝文憲

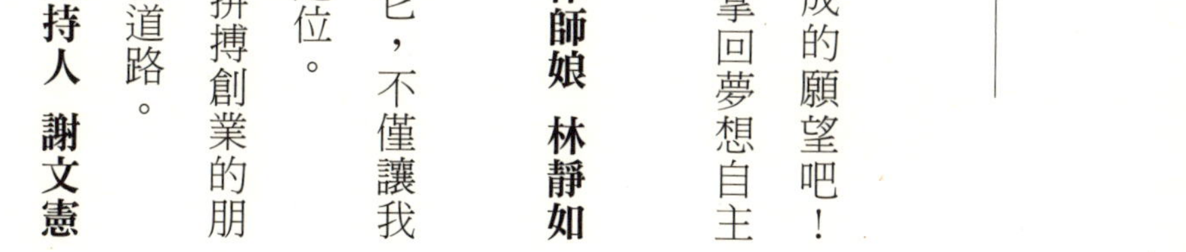

做，你當做之事，全力以赴，採取行動實踐設定下來的目標，生命中所有期望與期盼，才會有機會實現。

知名講師、作家　織田紀香

令人引頸期盼的徐敏俊先生著作終於出版了！近年來可說是「一人企業」風行的時代，許多人都想趕流行創業，卻往往落得連營運尚未開始就宣告失敗的窘境。然而，還是有人可以成功的經營一人企業，不僅是跟著風潮紅極一兩年，還能持續好幾年都獲得不錯的成果。

成功的那百分之一，就是真正找到了「確實是自己想要做的事業」，所以即使前方障礙重重也不會輕易放棄。作者將此定義為「志業」，主要是告訴年輕世代的朋友們，不要只為了錢而「工作」，要為幸福找尋「志業」。我想這本書就是陪伴您找尋一生志業的指導書。

Life&U 代表　盧秀振

在我正煩惱人生該如何規劃時，遇到本書作者徐敏俊，徐代表讓我認真思考人生最重要的價值是什麼、真正的渴望是什麼，促使我毫不猶豫的行動，成功地走出一條路。現在的我很開心、很幸福，如果你也想要幸福的生活，請拿出勇氣，這本書會給你很多力量。

韓國花旗銀行首席　盧憲碩

這本書能讓你知道在過去的這段時間裡，生命中錯過了什麼，真正想要的是什麼。跟隨心裡的聲音走，讓你的生命與內心充滿激動並擁有滿足。

T管理研究所所長　申海昆

若被問及「你是否一早就帶著期待的心迎接一天的開始呢？」能夠回答「是」的人有多少？這本書就是鼓勵大家要過那樣的生活，過著不向現實妥協、時時聆聽內心欲望的幸福人生。如果你正對夢想躊躇，卻沒有勇氣放棄安穩的現狀，請一定要看這本書，這本書能夠為你解決所有猶豫與苦惱。

Ayercropscience 開發部本部長　朴相淳

這是一本讓人們有機會思考「我真正想過的生活是什麼」的好書。推薦給大韓民國的年輕世代，以及一生都在尋找「志業」的所有上班族朋友們。

年金型不動產研究所所長　黃俊碩

出社會超過十年以上，就會遺忘曾經有過的「夢想」，我也不例外。而遇上本書作者，讓我開始認真思索「我真正想過的生活是什麼」，雖然這不是我拿手的事情，但卻是一場美好的經驗。我推薦這本書給所有想找尋真正自我的上班族。

現代 MOBIS 教育訓練組　鄭熙源

站在好同事同時也有相同目標的立場上，我認同並支持徐敏俊代表。對於曾經在二十歲徬徨無助的我而言，我也花了許多時間去追尋「志業」。而當時若有這樣的一本書，我是不是就能夠更容易地找到「志業」呢？希望這本書能讓正在迷航中的人找到自己想要的方向。

Life Coach 人生導師　李英勳

這本書就像指引迷航船隻的燈塔一樣，在生命混亂的瞬間，靜靜的照亮前方，指引我們前行的方向。若能在苦惱自己為什麼不幸福、找不到該往哪邊走的時候看看這本書，或許就能發現一直都不知道的自己。

一人企業家、經銷商　徐宜琳

一直想找一份專業領域的工作，卻始終迷失於伸手不見五指的道路上，看不到任何希望。與作者諮詢商談後，我開始改變自己，不去找尋終生職業，而去追尋能讓我心動一生的一人企業。現在的我，比任何人都幸福、有自信。這本書，推薦給正在漠視內心聲音，迷航於找尋「安穩職場」的工作者們，希望大家能夠找到自己的「志業」。當你做真正想做的工作時，年薪百萬絕對不再是問題！

諮詢學員　李在顯

前言

我從無業者，成為上千學員的人生導師

我一個人呆坐在半地下室（注1）的簡陋租處，沒有開燈，一片漆黑，當時二十八歲剛失業，什麼都不能做，也提不起勁去打工，覺得人生索然無味，真想乾脆放棄一切。那陣子我完全找不到任何一份正常的工作，覺得人生無望，不僅不敢跟朋友見面，更不敢接電話，常常就這樣一個人待著，什麼都不想去想，完全喪失自信。

「我的人生怎麼會這樣？」「我為什麼要出生？」「我是這世界上不必要的存在！」當時內心盡是充滿疑問與黑暗。看到朋友們有好的出路，我不但嫉妒他們，更加覺得自己很沒用。「大學的時候，我明明很認真的準備多益與各項證照考試，到底哪裡有問題？

我是笨蛋嗎？」在不斷的自責之下，人生簡直無望到了極點。「絕望的人生，應該就只能是這副德性了吧？」失望和無助的情緒不斷侵蝕我的心志。

直到有一天，我偶然看到《人生導師》（라이프 코칭）這本書，讓我找回一直被自己遺忘的「夢想」，從此之後，人生起了一百八十度的轉變。

從一個只能坐在房間座墊上躊躇的失業者，頓時變成演說家及

注1：半地下室，韓國租屋市場中較為平價的出租房型，主要提供學生或單身者承租，也稱為「下宿」。本書作者曾住過的半地下室，牆面高處開設氣窗，略可通風，但採光不佳；氣窗以下的空間則位於地平面之下，如同地下室。除了「半地下室」，平價房型尚有「走道窗房型」，條件類似台灣租屋市場之雅房。

數千人的人生導師，為許多青年人找尋夢想，以「一人企業」的姿態擔任上班族與企業家的商業諮詢導師，展現自我熱情的一面；更重要的是，我不僅能提供諮詢、協助輔導徬徨無助的年輕人找回自信，同時也挑戰諮商師、講師、作家等工作。

那個曾經毫無自信的我從此消失，以「人生導師」的姿態重新走了出來，而這個工作對我的人生而言，就是一個奇蹟般的存在。

為了找尋夢想而徬徨的歲月

我花了十年的時間徬徨猶豫，就是為了找尋能讓我怦然心動的夢想。徬徨猶豫的期間，不管我怎麼努力，那個夢想始終不曾出現，而那個過程像是一條永無止境的孤寂之路。

當年，連「夢想」兩個字是什麼都不知道，就只是漫無目的地尋覓，感覺前途渺茫無希望。我試過打工、創業、投資，就是找不到自己的夢想。也想在路上隨便攔下一個人，希望他能指引我方向，明白的告訴我：「夢想要用這種方式來找尋！」然而現實中，沒有一個人能夠回應我的疑問，任由我徬徨不安，迷失在尋找夢想的道路上。

找工作的過程不斷遭受各種挫折，寫了許多履歷和自我介紹，不斷的投遞應徵，但是卻只收到「您不適合我們公司」的回覆。我也清楚知道，自己並不是因為想進那間公司而投遞履歷，只是因為需要賺錢、想要賺錢，才投遞履歷找那些工作。

其實，我從小有許多不同的夢想，國小時想當科學家、高中時想當節目製作人，而大學時又想要經營一間網路公司。然而，這些夢想都跟我的個性不合。之後，我開始嘗試去做我認為重要的事情，也因為一路摸索，如今才能累積出如此多樣化的工作經驗。

二十歲的我做過賣場員工、啤酒吧服務生、發傳單工讀生、飯店餐廳服務生、苦力、遊樂園員工等多樣的工作，這些對我都是難能可貴的經驗累積。但是，工作當時真的非常痛苦，發傳單的時候會被趕來趕去，當苦力之後會有幾天的時間根本無法動彈、痠痛疲累。不過我並沒有輕易放棄任何一個工作，雖然是為了生活才去打工的，但並不僅僅是為了賺錢，這些工作對我的人生而言，不只是讓我繼續生存下去的方法，更重要的是，對於刻畫我的未來是有幫助的。

傾聽心裡的聲音

有一天，我寫下幾個一直以來我最關心、讓我最有自信的關鍵字，包括「推理電影」、「自我開發書籍」、「聽課」、「錢」、「最新電子儀器」等等。接著，我環視了我的書桌，發現我所看的書大部分也都是自我開發、成功、自傳、錢、投資、心理學以及哲學的書籍。

我霎時發現自己有興趣的領域是什麼！於是，我開始認真的閱讀，研究我最喜歡的自我開發書籍，並且更深入的理解與分析，也開啟了我一天看一本相關書籍的習慣，而且閱讀速度越來越快。很快地，我閱讀了近千本的相關書籍。因為是開心地閱讀自己喜歡的書，所以我完全投入在這些書中。

有一次，我讀到一本可說是自我開發書籍的始祖——安東尼．羅賓（Anthony Robbins）所撰寫的《喚醒心中的巨人》（**Awaken the Giant Within**），這是一本黑色封面、非常厚重的書，原本沒有想看的念頭，可是那天不知道為什麼就動手翻開了它，而且有了想要看下去的欲望。

那本書給我帶來不小的震撼，書籍作者的職業是「人生導師」（Life Coach），剛看到的時候覺得沒什麼，殊不知這個字眼已深深烙印在我心底。

「原來有這樣的職業？」後來仔細回味此書，我非常好奇，馬上用關鍵字檢索，神奇的是還真的有這種職業的介紹，而且有不少人正在從事這個工作。在好奇心的驅使下，使我對於「人生導師」這個職業產生了興趣，並且開始學習相關的訓練課程。在學習的過程中，我漸漸有能力客觀的看待自己，整理自己的想法，最後發掘了我到底想要的是什麼。

透過專業方法的引導與自我省察，我終於知道自己想要做的事情是「為年輕人找尋夢想並加以實現，豐富每個人的幸福人生」。

人生至此，出現了令我怦然心動的志業，而這個志業讓我充滿能量，對生活充滿動力與活力。原來，我的人生志業就是協助他人正面的改變與成長！每當看著向我諮詢過後的人們，因為重新感受到幸福而跟我道謝的時候，我就一次次確定自己做的工作有多麼重要。對我而言，這種幸福洋溢的喜悅，是無法用言語形容的成就感。

「啊！我做的工作能讓人感受到幸福。讓別人幸福，我也跟著覺得幸福！」現在的我，每天都能感受到雙倍的幸福，選擇這個工作真是選對了。

一見鍾情、怦然心動的夢想是不存在的

夢想與願景是會悄悄來到的，我就是一個很好的例子。

現在的我，比先前的任何時刻更熱愛自己的工作。也因為過往缺乏自信、猶豫不決的性格，在找到夢想前挑戰過許多不同的工作，吃盡了苦頭，因此我知道沒有一個夢想能在一瞬間就令人怦然心動，總是要經過不斷地嘗試、衝撞，經歷所有的好與壞之後，才會知道「這個夢想」是否真的能打動自己的心。

人生導師這個工作之於我，也是同樣的情況，我並非一開始就下定決心，確信「這是一生要做的事」，是在經歷幾個月的導師工作後，才真正認定這是一生的志業。當看著許多人因為自己而有所改變，內心覺得非常振奮，這才發現這是我真正想從事的職業。

這世界上有許多不同的工作，這當中一定會有讓自己怦然心動的。你覺得今天又是無聊的一天嗎？每天都覺得日復一日、得過且過嗎？如果是這樣，那的確需要去找尋能讓自己怦然心動的夢想與願景，不只是短期讓自己快樂的，是可以長期讓自己開心、屬於自己的志業。

人生要走的方向，不是他人的夢想，也不該是由誰為我們決定的夢想，而是自己想要的夢想。每個人的內心都有遠大的願景，把它找出來，透過這本書去設定人生方向，讓自己每日早晨醒來時，能為心中那個夢想而努力積極的生活著。

目錄

第二章 獨自面對恐懼，尋找工作的武器——勇氣

第三章 成功找到志業，一人企業的開始——願景

第四章

發展願景、開拓企業的祕訣——學習

第五章 瘋狂奮鬥是為了生存——鬥志

附錄

第一章

01 未竟之夢，儘早找到喜歡的工作
02 選一條沒有人走過的嶄新道路
03 不論任何代價換回自由
04 找尋你真正該做的工作——五大核心方法

找到「志業」，
就會開啟令人怦然心動的生活

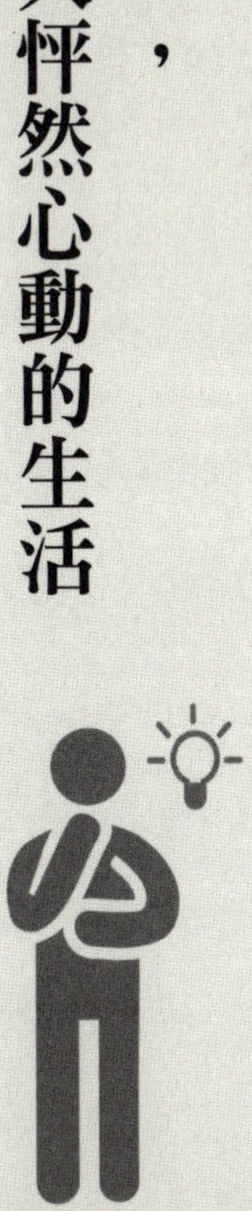

01

未竟之夢，儘早找到喜歡的工作

每個人都必須成為一人企業

你每天都過著怦然心動的日子嗎？是否正過著從小夢想的生活呢？我想大部分的人都會回答「沒有」，原因就在於現在所做的工作並不是你的「志業」，你只是迷失在尋找一份穩定的「職場工作」。

為了過上怦然心動的日子，你必須成為「一人企業」。一人企業是讓自己在喜歡的專業領域內成為專家，同時也是懂得自律、擁有收益能力的積極行動者。一人企業所帶來的生活價值，比任何工作都來得大，不僅能以極少的資源創造出龐大的經濟效益，也能讓自己自由自在地過生活。

一人企業也可以說是一個對於自身要走的道路擁有夢想與熱情的事業體，穩當且幸福的一步步實踐下去，可以無限延伸、充滿彈性。

提倡一人企業，並非要馬上設立公司、進行註冊登記，你可以是上班族、自由業者、CEO等不同身分，只要你擁有夢想與前程計畫、具有專業能力和可為社會創造價值的本事，就能夠讓自己投入於目前的工作，同時一併滿足對志業的追求。

在同樣有獲益的基礎上，志業與工作最大的差別在於「一人企業」並非為了賺錢而工作，而是依據自己規劃的目標方向來執行計畫，但卻同時能獲得收益。因此，一人企業並不專屬創業者所有，一般上班族也能做到，只要活用下班之外的自由時間，思考自己能做的、最有熱情的事，並認真執行計畫即可。你也不例外，現在的工作崗位能讓你同時成就一人企業，只要做你喜歡的事情，就可以開始投入志業的第一步。

踏上夢想的真實道路

過去我還在上班的時候，就認為自己是一人企業的負責人，帶著「我要協助人們找到夢想以及實踐夢想」的想法，開啟了人生導師這條路。當然，我並不會因為這樣而忽略該在職場上做的工作。這間公司提供我完成夢想的條件，給我實踐的機會，主要是因為我每天提早一小時到公司，利用這一段時間先看書、整理白天的行程表，作為我這個一人企業的社長準備一日行程的開端。

公司交辦的工作，不論任何事都要認真努力地完成。等到創業的時候，也同樣必須具有這種認真努力的態度，這是成功的重要條件之一。

我提議大家要成為一人企業的原因很單純，因為這是個能讓人將夢想實踐的有效路徑，並且會讓你的人生變得更幸福，五個重要的理由如下：

理由1　想實現的夢，就該盡情去做

夢想不要藏在心裡，要致力實踐。一人企業想到的第一件事，不是以賺錢為目的，而是要讓自己活躍在夢想的工作中。開啟夢想的第一步非常重要。

想想看，一整天都可以做自己喜歡的志業，那種喜悅與成就感有多好，更不用說還能賺到想要的收入，這世界還有比這更令人開心的生活方式嗎？

「真的可以只做想做的事過日子嗎？」

會出現這樣的質疑與詢問我並不意外，沒錯！現實中不可能只做想做的事就可以過日子，人生總是會有「不想做卻必須做」的事，而我想強調的是，「這些不那麼想做的事」其實是下定決心就能做到的，而且是成功的重要支柱。

就我而言，我不喜歡寫作，但是我必須寫，因為那是實踐我夢想必要的準備工作，也可以說是「討厭卻必須要做的事情」。但寫作並沒有佔據我全部的時間，它是一座橋，透過寫作這個準備工作才能完成我的志業，人生導師在諮詢與舉辦研討會時，都必須透過寫作和編輯來準備事前資料。

因此，把眼光放遠，為了想做的志業，眼前需要完成的每一樣準備工作都相當重要。有夢想的人，一定會有無比的熱情完成這一切。

理由2　奪回你的時空自由權

當我開始成立一人企業的時候，最先感受到的幸福是「自由」。我沒有固定的辦公室，舉凡可以坐下的地方，諸如咖啡廳、圖書館、公園長椅等，都是我的辦公室，只要帶著筆電就可以工作，旅行的時候也不用擔心，只要有網路就可以搞定。

另外，時間調配也非常自由，我可以決定自己的上下班時間，可以安心的完成今天計畫的工作，亦可以隨時與想見

有夢想的人，
一定會有無比的熱情完成這一切。

的人見面。一人企業與上班族時間固定的生活截然不同，時間與空間的限制完全消失。這是一種過去完全無法想像的自由生活。

然而，若因為時間自由而任意揮霍的話，就會變得一團亂。當一人企業無法管理調配好時間而恣意偷懶時，會立即失去一人企業的基本意義和效能。因此，要具備管理好自己時間的能力，有分寸的規劃工作節奏，有了這個準則，你就可以享受幸福志業所帶來的時間自由與空間自由。

理由3　收益上限消失，財富無限可能

上班族每個月都會有固定的月薪入帳，因為固定，所以會安心，但是也因此無法期待更多的收入。不論你的能力多好、表現多麼出眾，薪水總是有所限制。

但一人企業沒有薪水的上限，是依據能力來獲得不同的收益，且收益來源多樣化，能藉由所販賣的商品、知識、服務的不同，而有不同的收入來源。

舉例來說，一人企業的工作如果是講師，講師這個行業依據不同的能力有不同的評鑑基準，聘請的花費也不同。一般而言，在韓國較無名氣的講師一小時費用約十萬韓圜（注2）；比較有名氣的講師一小時費用為三十萬韓圜；而全國知名度高、邀約不斷的講師，從各地邀請而來的費用從三百萬韓圜到一千萬韓圜不等。同時，講師通常還會出版著作，因

注2：1 KRW（韓圜）≒ 0.026~0.028TWD（台幣），外幣兌換匯率隨國際情勢有所波動。

著作所賺取的版權費用又是另一項收入來源。

一人企業還包含顧問與人生導師諮詢等行業，與講師費用相似，每小時約十萬韓圜至五百萬韓圜不等，依據課程價值與影響力大小，而有不同的費用區間。我從一小時一萬韓圜的人生導師做起，這是因為一開始我並不知道其他的人生導師如何收費，待我確認市場行情價碼之後，費用就調整為一小時十萬韓圜。接著，需要人生導師的人越來越多，我也跟著提高了諮詢費用為一小時三十萬韓圜，沒想到費用提高之後，還是有許多人願意上門諮詢。

其實，這筆諮詢費用並不是一筆小錢，究竟是誰願意花費時間與金錢諮詢呢？這是因為他們認為比起錢，「解決人生問題」更重要，所以他們願意找上我，藉以獲得更多的人生問題解決之道。

像這樣的一人企業，是依據本身的價值獲取不同的收入，不會有任何限制。其獲益模式不是因為花固定的時間在公司上班，然後獲得月薪，而是依據自身提供的商品與服務價值，決定你的收入多寡。如果你還是執著於要花很多時間才能夠賺到錢，那是因為還無法跳脫上班族的工作模式。想想看，有錢人不都是依據自身具備的價值來創造豐厚的收入嗎？

理由4　能做一輩子的事業

上班族總有一天要面臨退休這個選項。然而，現代人平均壽命越來越長，一旦中年就退休的話，收入就會跟著停止，更不用說現在常有人在退休年齡前就被迫提早退休，也會讓生活的不安感相對增加。

不過，一人企業就不會有這個問題。一人企業的基本原則就是將夢想付諸實行，是依據整體人生來規劃執行，因此，不會有退休的問題，因為這是一輩子都可以做的志業。

來找我進行人生導師諮詢的一位學員，目前從事創業諮詢工作，也就是擔任引導創業者成功創業的關鍵角色，該位學員本身是深受客戶認同的專家，只要客戶陸續找上門，就不需要擔心退休的問題。何況，當年紀漸長，經驗累積達一定程度時，更會是令人信任的創業諮詢專家。

所以，一人企業需要考慮經營種類與前途，如果追尋潮流，找一項時下流行的項目創業的話，是難以期待永續經營的。因此，要有長遠的計畫，找尋一項不論時代如何改變都能夠持續經營下去的事業。

理由5　不需負擔創業費用

一人企業在一開始幾乎不需要花費鉅額費用，無加盟金、店面租金壓力，尤其與知識性相關的經營方向，僅需依據個人不同的興趣選擇領域，另外準備基本的工作設備即可。

多數基本經費都在一百萬韓圜以內就能夠正式開始，這筆錢即使沒有預存，靠打工即可支付。近年來社群網絡風行，也是行銷最佳管道之一，個人耗費的費用不用多，即可進行行銷宣傳。另外，若能結合不同產品，也不必一定要自行開發產品，如此減少成本不但可以創造收入，還不會有庫存的壓力。

若是販賣自身的專業知識或服務時，則僅需將自身所能提供的知識，包裝成客戶願意購買的商品，很快就能開始實行一人企業的志業。

02 選一條沒有人走過的嶄新道路

科學家愛因斯坦說過：「沒有失敗過的人，就是沒有嘗試過新挑戰的人。」哲學家尼采亦說過：「人類必須擁有『危機意識』，才能夠跳脫安逸生活的窠臼。」我將這兩段文字懸掛在牆上，時時警惕自己。他們兩位的共同點，就是要讓自己隨時處於嶄新、陌生、危險的領域中，才能夠獲取更多的經驗。

人們總是害怕改變目前安定、安穩的生活，所以會本能的迴避新事物。每天都走同一條路線、吃同樣的食物、穿相同類型的衣服，不輕易改變既定的生活習慣。但若持續這樣的模式，便不會有激發嶄新想法的可能。**創意總是發生在新的空間、不同的相遇、不同的經驗之中**，這些不同的條件、新的關係，才能夠激盪出獨樹一格的思維。

享受變化，零恐懼的變色龍生存法

我們生活在瞬息萬變的世界，必須不斷的努力去適應環境，因為**大環境隨時在改變，若我們堅持不願意跟著變化，可能會受到衝擊，處於危險之中。**

一般上班族因為有著每個月固定的薪水收入，可能會失去自我進修的動力，僅想著將工作做好就好，雖然還是有人願意透過學習英文課程去接觸不同的領域，但中途卻容易因為各種因素而放棄學習。然而，若有一天公司再也不需要任何員工、所有事物都可以自動進行時，還有多少人能夠保有現在的工作，而不被驅逐出職場呢？

就這樣毫無防範地一天一天生活著，可能某天面臨巨大的考驗就會慌張失措。若是利用職場階段認識多樣的人、累積不同的生活經驗，至少還能擁有基本防備的能力，有助於降低失業和斷炊的風險。

發現DNA雙螺旋結構並獲得諾貝爾生理醫學獎的詹姆斯·杜威·華生（James Dewey Watson）於其著作《不要與無聊的人在一起》（Avoid Boring People: Lessons from a Life in Science）一書中提到：

「我領悟到就算是優秀卓越的腦袋，也會有其界限。因此，我知道我的成功不在於能夠從日常生活中發現、生產新的事物，而是能在任何時刻，利用從前不知道的新事實來刺激我的腦細胞，以接受源源不斷的各種挑戰與難題，去找出解決問題的對策。」

人類的腦部對於陌生新穎的事物相當敏感，舉凡初次嘗試的食物、初次走的路徑、初次相見的人，都會讓我們有煥然一新的感受。當接收到新的資訊時，腦細胞會開始活動，並進行資訊分類與重組，同時，也會讓既存且尚無發展的潛能有機會開始行動。

開拓新嘗試，比宅在現況更安全

有一位曾經是上班族的諮詢者來諮商時表示，他相當後悔沒有去過歐洲旅行，我詢問他阻礙旅行的因素有什麼時，他回覆說因為要上班所以沒有時間。於是我們一同思考，列出能夠解決這個問題的方法。

一個月之後，他離開原屬公司，踏上夢寐已久的歐洲旅程，他說不管怎麼想，他無法成行的主因就是工作的關係。而當他旅程結束回國之後，他看世界的角度不同於以往，開啟了他想做的志業，因為他在歐洲旅行時，發掘了一個自己有興趣開發的市場。

他觀察路人在行車、走路中也可以處理各項工作業務，於是延伸這個發現，開發出旅行時可以使用的網路行銷管理系統，也相當成功的打進商業市場，目前營業額已超過一億韓圜。如今他邊旅行邊工作，過著安穩開心的生活。

人有時候得不安於現況，透過新的經驗才能找到解決

問題的新對策。所以，當有難解的事件發生時，可以嘗試著到從未去過的咖啡廳坐坐，可能就會獲取需要的靈感也說不定，或者是認識不同於過往風格的新朋友，找到意料之外的解決方式。

這世界很寬闊，隨處都可以揀拾靈感。要知道，**機會是為了願意享受變化與自由生活的人而存在的。**

人有時候得不安於現況，透過新的經驗
才能找到解決問題的新對策。

03 不論任何代價換回自由

許多人為了錢放棄自由，他們收起了對自由的渴望，選擇了安穩賺錢這條路，而這真的是人生正確的選擇嗎？

班傑明·富蘭克林（Benjamin Franklin）名言中有一句這麼說：「為了安定放棄自由的人，終究會兩者俱失。說穿了，這些人並沒有獲得安定或自由的資格。」

為了賺更多錢、為了在物質上追求成功而放棄自由的人，他們多半沒有想到這個選擇背後會產生的問題，在職場上追求錢與名譽、晉升，往往一瞬間就會走進無名死巷，只能等待退休時間的到來。放棄自由的代價很高，在迷失的過程中，往往找不到出路。而追尋自由的人就不同了，他們有意願跳脫目前的泥沼，找尋想做的志業，在找尋的過程中重新定義自由的價值，不論前方有多少阻礙，他們都會享受關關難過關關過的成就感，以及享受自由、自主的人生。

安穩卻危險的上班族

有一位在人人羨慕的大企業裡工作的員工來諮詢，說他認為自己已經「非常優秀」，但公司卻發生了一件讓他信心崩盤的事，他看到平時非常敬佩、可說是人生榜樣的資深經理被公司要求自行離職。該事件之後，他沉寂了相當長一段時間，想著自己終有一天也會變成公司無用的人力，所以他開始擔心，想為這個可能的危機做事前準備，因此找我諮

追尋自由的人會跳脫目前的泥沼，
找尋想做的志業，重新定義自由的價值。

商，談談往後人生的夢想與希望。

他透過我的指導探索內心，回顧過去的點點滴滴，接著找到過往一直無法領悟的想法與價值。逐步回顧、掌握自己的情況，確實明瞭了自己想要的是什麼。

他發現自己過去曾經對心理學很有興趣，也想起與其相關的各項議題、心理測驗等，同時，他又想起自己對於繪畫的熱情；小時候曾經因為喜歡美術而想當畫家，但當時因為家庭環境而放棄這個志願。最近因為憂慮工作前途，不自覺的常跑美術館參觀作品，可見他對於美術還是無法忘懷。

當他再度發現自己對於美術與心理學一直有興趣之後，他所決定的志業是「美術心理治療」，而美術心理治療不過是手段之一，他還有更大的志業。

他認為可以將美術與心理結合，打造一間能讓人們探尋內心深處，並且可以互相分享的美術心理治療館，一個可以看著美術作品嘗試著分析自己、與人相互分享溝通的空間。當他找到這個「願景」之後，他整個人有別於以往的失落，眼神中綻放出自信的光彩。

別人設下框框，你可以走出來

他開始學習美術心理學，買書閱讀、週末上課，並且去找尋、訪問該業界有名望的人士，向他們學習請教成功的方式，並且認真的整理心得筆記。

在追尋這個夢想的過程中，他在公司也更用心工作，能力逐漸獲得認可，就在他努力累積自我實力、不斷練習的同時，也開始找到生活的自由。

之前在公司工作時會覺得備受屈辱、遭遇許多莫名的困難，而當他確認自己的願景後，在工作上能更集中注意力，而且不會事事都想與公司綁在一起。在他需要離開公司時，他毫不驚慌，依據早已準備好的計畫，充滿信心朝夢想前進。有所準備的離職讓他內心鬆了一口氣，再也不需要在公司奉承上司、競爭晉升機會，反而讓他能夠集中心力在有興趣的「志業」上，提高了工作效率，業績表現也更加優異。

他讓自己脫離公司既有的框架、給自己自由的空間，同時也讓身心都獲得釋放，進而不用再擔心同儕利益關係，更能放開心胸關心他人，享受自在與自信的人際關係。

從離開公司，到開始進修美術心理學並創業，目前的他已擁有自己的公司，並提供美術心理學相關之研討會與諮商服務。每回與客戶談及美術心理學時，都能讓人感受到他眼神中閃耀著明亮的光芒，他的每一句話，都能展現出對於這個工作無比的熱情。

實際的自由與心靈的自由相比，**人們更需要的其實是心靈的自由。心靈的自由來自於沒有恐懼、對未來充滿希望與期待的心。**只要認真集中於現在想做的事情，內心的自由就會到來。

即使現在的你是被困在公司的上班族，但並非這樣就完全沒有自由，心靈上的自由可以自己創造。初步以業餘、兼職或副業的概念，漸漸發掘和鑽研自己深感興趣的事物，熱情就會油然而生，幸福感也會隨之而來。

04

找尋你真正該做的工作——五大核心方法

勇氣、願景、學習、鬥志、突破是找尋志業的重要核心要素。人要有選擇自己想要的人生之「勇氣」、決定人生方向的「願景」、為確認志業與解決問題而去做的「學習」、用以點燃熱情的「鬥志」、遇到難關能夠一躍而過的「突破」力道，這五個階段，是尋找志業並實踐志業的必經過程。能夠透過這五個過程確立人生的意識與願景，接下來才能用超高速的馬力往前衝。

勇氣：為求幸福，大膽思考並行動

人們都喜歡安定，喜歡自己待過的學校以及熟悉的職場，然而，誰都無法擔保眼前安穩的人生永遠不會出現無法預料的變化，無論如何，人們依舊要在不斷變化的世界中設法求生存。

丟棄既有的安穩生活，走向陌生的世界時，會讓人籠罩在恐懼中，特別是害怕不能賺到錢、害怕不能維持既有的生活水準。但我們要明白，若沒有經歷過動盪的時刻，就無法真正的找到安穩的所在，我們要摸索出克服恐懼的解決方法，不因為他人的影響而動搖信心與信念，因為那不是他人的人生，而是你自己的人生，要讓自己有智慧、有勇氣的設定目標，確實執行並完成。

願景：志在遠方，才能激發最大潛能

忘記人生願景，就這樣過著普通日子的人很多。小時候總認為考上好的大學就是成功，上了大學後又認為考上好的大企業或當上公務員就是成功，我們總是不斷重覆確定目標、達成目標，然後又出現猶豫徬徨的情況。這其實是因為我們並沒有真正的確認人生願景。

一個人若能清楚知道自己的欲望、自己的願景，就可以設定達到願景的各階段目標。而具備這些能力的人，就能夠用一顆熱情洋溢的心，有自信的完成自己要做的事情。相反的，一個人若沒有人生願景，會對於一切充滿恐懼，凡事不敢下決定，沒有執行的信心與能力。有願景的人雖然也有擔憂，但差別在於清楚知道自己猶豫擔心的點是什麼，所以，可以針對這個問題找尋策略、樹立目標，並認真的完成。

「願景」是喚起你沉睡潛在力的重要要素，可說是人生轉折的重要開關。跟著本書一起學習，你將明白人生需要有願景的理由，以及如何積極實現自我的方向，建立有效的策略目標與執行營運的方法。

學習：頭腦比設備更需要升級

能否對某個領域懷抱熱情和有所成就，學習力是重要關鍵。任何人在走進一個嶄新的領域時，都需要有具體可行的學習計畫。透過學習，我們可以累積知識，掌握該領域的訣竅，進而成為專家。

知識累積最快速的方法，就是閱讀「專家的書」。專

願景是喚起沉睡潛在力的重要要素，
是人生轉折的重要開關。

家的書籍多半以傳承經驗為目的，閱讀這些知識就如同走捷徑，能夠在短時間內學習完該專業領域的相關常識，並獲取業界的精髓。要知道知識並不是專屬於一個人，透過不斷的分享，才能讓所有的人不斷累積實力，而專家的書籍，就是基於這個目的而出版的。

鬥志：不要問怎麼辦，要去想怎麼做

擁有想挑戰的企圖，卻猶豫不決，是因為擔心無法賺錢而失去生存能力嗎？像是害怕「我真的能夠利用想做的事情來過日子嗎？」「失敗的話怎麼辦？」等等。其實，只要是人都一定會有所猶豫與恐懼，畢竟，「求生存」是人類的本能，人類具有自我保護的心態，無法盲目的相信自我開發書籍中「想做的事情就一定會成功」這樣空泛的話語。

生存是需要具備策略的。所以在挑戰任何事情之前，首先要準備創業過程所需要的生活費用、營運行銷的方法與對策，以及該如何因應不夠充足的資源問題，再者，也得思索為了生存，需要與他人合作的各種可能性。做足了準備，才能夠點燃鬥志，邁向你想要的志業和人生。

突破：跨過就是進階，關關難過關關過

即使成功地走進了你想要過的生活中，仍要時時刻刻注意可能會出現的危機，隨時想辦法突破困境。每次遇到困難，就需要再次的探索內心的欲望，找出新的願景，提起勇氣，挑戰危機，繼續為生存下去而努力。

為了每一步都能成功突破既有的金錢、年齡、時間、學歷等限制，我們學習一次次的危機處理，這些經驗能讓我們領悟，即使前方障礙重重，依然能夠順利闖關，獲得成就感，如此也能累積出更進一步的自信心。

帶著成功對抗危機的自信心，才能激發你的潛能，就算身處絕望的情況，也能再一次突破困境，讓你不論遇到任何危機都不會動搖意志。

上述之勇氣、願景、學習、鬥志、突破這五種方法，是你找尋人生道路、邁向各項挑戰所需要謹記的關鍵字。現在，我們就透過這五種方法，來進行一趟改變人生的「尋找志業」之旅。

第二章

獨自面對恐懼，尋找工作的武器——勇氣

01 喚醒心中沉睡的巨人

任何人要離開現職工作，都需要鼓起極大的勇氣。何況如果原本公司有相對穩定的薪資收入，要離開現有安穩的工作，獨自一個人去找尋志業、為志業奮鬥，必定會陷入不安與恐懼。

我也是這樣，就像前言提及的，我在看了那本《喚醒心中的巨人》才決定要做「人生導師」這個工作，但在決定的過程中，我的內心也充滿了不安的情緒，甚至比過去「做著毫無意義的工作過日子」的那段時期還要緊張與不安。

但我想起賈伯斯說過：「要成功，就要做自己喜歡的事，若還不知道自己要做什麼，請再努力尋找自己。」賈伯斯的這段話給我相當大的勇氣。

懂自己，世上最美麗的知遇

我為了成為人生導師，花上近三個月的薪水去上人生導師課程，一開始也非常猶豫究竟需不需要花上大筆費用，而最終我還是決定花下這筆錢開始上課，理由只有一個——因為我確定這是我想做的事。

開課之後，我的週末時間完全被人生導師的課程佔據，從早上八點到晚上六點滿滿的學習課程，但我卻不覺得疲累。因為，這個課程對我而言不是枯燥乏味的知識，而是一場有趣的學習遊戲。

人生導師課程結束之後，我直接與人們接觸，進行面對面的諮詢實習，一開始毫無興趣的人漸漸展露出信任，表示想接受我的指導，所以我就以這些人為對象，開啟這個工作的初步經驗累積。

事實上，在人生導師諮商過程中，我透過提問找出諮詢者的問題與解決方式，果真一如預期，這是份相當有趣的工作。我專注在傾聽與發問，而諮詢者的回覆也十分令人玩味，諮詢者在講述自己情況的過程中，也能同步思索有什麼解決的對策。這一發現，讓我感受到書中所說「人們都有自己找到答案的能力」，這句話確實是真的。就這樣以每週一次進行人生導師諮商面談，不久有位諮詢者開始做起以往不願意做的運動、認真閱讀各種書籍，並且著手改善與家人之間的關係。

這位諮詢者整頓好日常的一切之後，開始想知道自己未來該走什麼方向，所以展開人生導師的諮商，透過諮商過程，他找到「提供小型創業諮詢服務，協助人們完成創業夢想」這個願景，希望能用自己創業的經驗協助想創業的人。對於這位諮詢者而言，這個願景雖然是項嶄新的挑戰，但是他相當有信心，沒多久之後，就聽到他正式創業，也非常享受創業諮詢這個志業。

有一天，這位諮詢者傳來一封簡訊，內容這樣寫著：

「我的人生從來沒有如此幸福過，真的沒有想過可以將自己喜歡的事情當成工作，並且從中獲得如此高的成就感，開心地過著想要的生活。徐敏俊代表，感謝您讓我有機會感

受到這樣的幸福。祝福您也一樣幸福唷！」

這封簡訊讓我感動不已，也是第一次感受到這個工作帶給我的怦然心動，看完簡訊的那一瞬間，我覺得世界相當美好。

「原來這就是幸福！原來我的工作能帶給人幸福，而我也會因此而幸福！」

經過這次人生導師的諮詢經驗，我更確認這就是我想要的工作，「協助人們找到他的夢想與方向、幫助人們享受人生」就是我的人生志業。

一瞬轉念，當自己人生的主人

我人生中最大的轉捩點，就是下定決心辭職，自行設立公司的時候，生命的軌跡在那一瞬間不同於以往。舉辦研討會、講述找尋夢想的方法，還寫了人生導師的書籍，到目前為止，輔導了上千位的諮詢者找到他們的人生方向，我開心的享受這個工作帶來的成就感。

許多來諮詢的人們，最後都能沉浸在他們的夢想中，以無比的熱情與能量，有自信的過著想要的生活。

他們可以成為一人企業，都是基於自己是人生的主人，開創屬於自己的一條道路，享受這一路上的冒險與挑戰，找尋喜歡的事、設定志業的願景目標，進而主導生活。而不是依循他人的意見、他人的想法，也不去在意職場、社會上其他人的異樣眼光，勇敢去挑戰喜歡做的事，直到成功為止。

這種人不會輕言放棄，因為他們心中都有熱情的一把火，加上「志業願景」這份深具鬥志的燃料，能夠隨時隨地點燃，維持心中的火光。

快速開始做自己喜歡的事

提到喜歡的工作，大部分的人只會聯想到年薪多、月薪高的職場工作，因此，當提及要開始做喜歡的工作時，常常都會被問：「怎麼可以辭掉收入穩定的工作，而去做想做的事情呢？」然而，若只從這個角度思考，絕對找不到自己能快樂投入的工作。

我所謂「喜歡的事」，是指很單純的對於某些事物帶有好奇與好感，例如：「喜歡彈吉他唱歌」或是「喜歡教他人自己會的東西」等等，帶著這些單純的念頭學習喜歡的事物，效果最為明顯且持久。不要馬上將喜歡的事與賺錢、找工作等目的連結起來，這樣會容易讓「喜歡的事」瞬間變成「討厭的工作」。所以，請帶著單純喜歡的念頭，找尋自己喜歡的事物，並嘗試學習理解。至於如何把喜歡的事情當成工作來賺錢，會於後續章節詳細說明。

如果確認了自己喜歡的事，就不要拖延，立刻執行！因為時間不等人，每個人的責任也會跟著年齡漸長而加重，像是到了人生某些階段會有需要照顧的家人、定期需要的生活費用等等責任與負擔，所以，當找到自己喜歡的事之後，要以最快的速度開始進行才行。

現在的你，正是可以「做喜歡的事情」的年齡，立即開始吧！

如果確認了自己喜歡的事，
就不要拖延，立刻執行！

02 跟隨內心強烈的欲望

我們都受限於固有觀念的影響，認為為了得到想要的東西，就必須克制自己的欲望，所以不論是想要錢、工作、愛情、學習的時候，都必須先痛苦的抑制自己其他的欲望。

有想要的東西出現卻必須要忍耐、想吃的東西出現也必須忍耐，這樣的壓抑反而會引起副作用。當被限制不能吃之後，容易出現暴飲暴食的行為，抑或經歷過排山倒海的壓力之後，會沉迷於酒精或賭博之中。因此，我對欲望有不同的想法，在符合道德標準之下，人應該要確實理解自己的真實欲望，跟隨著欲望行動，反而會對於身心的平衡、潛能的發揮有所助益。

快樂追求，會獲得更大的成果

我非常喜歡玩電腦遊戲，一旦電腦出現在我眼前，就會專心致力在遊戲中，熬夜玩遊戲的日子也很常見，但是時間一久就漸漸失去動力，加上頭痛的關係，逐漸對電腦遊戲失去興趣。隨後，網際網路時代來臨，於是我又產生好奇心，就開始學習網際網路。

我做了一個網站，專門分享我所知道的遊戲資訊，因為是公開的網站，所以很快的就達到極高的點閱率，每日到我網站瀏覽的人數皆超過八千人次，每天都有人來到我架設的網站瀏覽他需要的遊戲資訊。有一天，我收到一封電子郵件，詢問可否在我的網站設置一個廣告欄位，就這樣，我高中時期因為架設網站而賺了一筆錢，對於一個過往僅拿零用錢過生活的高中生而言，那是一筆從未想像過的金額。

說真的，當初架設網站並不是為了賺錢，沒有壓抑欲望，只是實踐興趣，就賺到了這筆財富。志業就是如此，單純跟著內心想要做的事情，然後盡力去完成，就這樣而已。

因為我喜歡遊戲，所以我玩遊戲，後來厭倦了遊戲這個領域，發現網際網路這個新天地，所以我專注於學習網際網路，並建置網站與他人分享自己整理的相關資訊，沉浸於分享的樂趣中，這一切很單純的就是跟隨著自己的欲望。

發夢吧！試試比智慧更強大的力量

許多人害怕跟隨著欲望去行動，認為一旦照著欲望行動，人生就一定會完蛋。想吃就吃的話會變胖，所以必須忍著；想玩遊戲是荒廢時間，也必須忍著。然而，這樣忍住所有的欲望會發生什麼事情呢？忍住所有的欲望，只會讓每一天都痛苦不堪，也因為所有想做的事情都必須忍著，因此什麼都無法嘗試。只為了一個不確定的未來，現在想做的任何事情都必須忍住，那當然是天天過得水深火熱。

確切認知到自己究竟想做什麼事情之後，就要放手大膽的去嘗試，這樣才能累積許多不同於過往的嶄新經驗，而嘗試過後所累積的經驗，又能讓自己更加看清確實想做的事情。

確認真實的欲望之後，就能夠找到自己喜歡做的事情，可以無怨無悔的開始朝向達成欲望的道路邁進。

確認自己想做什麼事情之後時，就放手大膽的嘗試，才能累積不同的嶄新經驗。

一開始跟著欲望行動，可能會出現不少失誤的情況，但只要不害怕出錯，從出錯中持續認真的執行，就能逐漸從錯誤中找到規律，也能彙整出更有智慧的解決方式，離成功會更進一步。

人們內心的欲望，有時候蘊含著極具建設性的智慧，會提供我們許多不同以往的嶄新機會。怕失敗、怕後悔，而拒絕嘗試內心想要做的事情，就只能應對眼前正在發生的事情，每天忙於應付不是由你主導的命運，這樣難道不是在浪費自己的生命嗎？

只要心理健康的人，必然會隨著年齡增長而累積多種經驗，也會產生更多新的、不同於過往的欲望和智慧。請正視欲望的價值，它會是你翻身的機會。

欲望是人生的指南針

接著來談談「既有欲望」喚起「新欲望」的部分。

來諮商的人們當中，多半都會回覆想不出來有什麼事是自己想做的。他們可能在過去的日子裡都壓抑著自身的欲望，忍著忍著，也就忘記了最想做的事是什麼。

另一方面，會依據自己的欲望一一嘗試的人，通常會逐漸發現更大的欲望，想做的事情自然越來越多。現階段能夠達成「想做的事情」的人，到下個階段就更容易找到自己想做的事情，如此發掘欲望、執行欲望，不斷向前，認真的為成長、成功而努力不懈。

相信自己欲望的人，其生活方式也與他人不同，會非常

有活力的享受一切。對於自己想做的事情擁有熱情，並努力認真的執行，用盡心力去感受生命的幸福；同時，這些欲望能累積出未來的夢想、方向、目標。如同我一樣，我也是被欲望引領著，每天精力充沛的朝向未來邁進。

不相信自己欲望的人，會在不斷重覆確認與彷彿被別人監視中失去活力。沒有任何想做的事情，只能繼續沉浸在被約束的環境中，就跟學生時期因被父母強迫念書而討厭念書一樣。一旦干涉、限制自己的欲望時，就會讓人變得討厭所有該做的事情，失去發揮能力的機會。

所以，請拿出你的勇氣探視內心的欲望，欲望能夠引領你走向你想要的路，成為你人生的指南針。心中那些健康的欲望，會讓你擁有成長與茁壯的動力。

03

想成功，就需要適當的孤獨

我不喜歡孤獨，所以不喜歡一個人。但是工作的時候不同，工作時我喜歡一個人思考、一個人決定。因此，雖然我害怕一個人，但是必要的時候，我也能夠享受一個人。

許多人害怕一個人工作，特別是韓國人，對於一個人吃飯、一個人看電影、一個人旅行充滿畏懼，害怕他人認為自己沒有朋友，所以不論何時都會想叫朋友同行。萬一朋友不能一同前往，就會放棄行程，也就是想做的事情若沒有同行者，就會失去挑戰的意願。

然而，為了這樣的理由而放棄想做的事情，實在是幼稚

的行為。自己想做的事情就要去嘗試看看，若因為朋友不願意就放棄，你的一生就都只能做朋友喜歡做的事情。

獨自一人，最能提升解決問題的能力

其實小時候我也害怕自己獨處，所以無法一個人吃飯、一個人旅行。然而，我後來發現，因為沒有人一同去做就不去做，是相當不成熟的行為，因此，我開始依照內心的欲望行動。自己成立、處理網購店家，也能自己一個人去英國進行語言研習，從準備到成行，最後完成研習回國。甚至提出辭呈、準備創業計畫也是獨自一人完成，這一切都讓我感受到「我真的能夠自由決定，做我想做的事情」。

創業之後，我也認知到如果有獨自一人無法完成的事情時，可以適時的請求他人協助。不過，在我的志業執行過程中，有許多事都需要一個人完成，諸如一個人完成企劃、一個人完成執行等等，更不用說網站建置、宣傳與內容，多半也都需要一個人完成。

一人企業需要獨自完成許多工作，像名片製作與拍攝證件照片，舉辦研討會時也要自行進行會場拍攝、整理會議照片，網站、部落格也要自行管理與維護，每每都覺得孤單寂寞，甚至會不斷的思考著「我為什麼要一個人這樣做？」但這卻也證明了我可以一個人獨處、一個人解決許多問題。

學會獨自面對責任、解決問題，也等於理解了一個人要對自己的人生負責。不依靠任何人，而是能夠獨自解決問題，對於一人企業的成長茁壯會是相當大的助益。但千萬不要誤會，我不是提倡凡事都必須一個人獨自煩惱，重點不在於能否一個人解決任何問題，而是你能否客觀的分析、判斷一件事情是否需要他人協助，避免養成依賴心。有些事情是現在立即就能學習解決，有些則是需要投資時間才能完成。

例如，非ＩＴ專業領域、沒學過電腦而想建置網站時，若一個人獨自奮鬥就是相當不智的決定，應該將專業知識的部分交由專家負責，自己則是在選擇、決定、處理的時候分析利弊得失、決定好選項，處理自己該負責的事務。

每天一定要有獨自思考的時間

微軟創辦人比爾．蓋茲每年都會有兩段「消失的行程」，那是屬於自己一個人休息的日子，他稱之為「思考週」。他在位於太平洋沿岸、美國西部鄉下的別墅中，一個人度過一週的時間，除每日配送食物的管理員外，連家族都不被允許出入該處。去除吃住，比爾·蓋茲其他時間都在閱讀全世界微軟員工送來的「IT產業動向與出路報告書」以及「點子提案書」，藉由這些資料，掌握並決定每一項可能會改變世界的實施策略。

因為他擁有「思考週」的行程，才順利的讓微軟打進原先由網景（Netscape）獨佔的網頁瀏覽器市場，與網際網路（Internet）的結合才堂堂問世。線上遊戲的發想、微軟小型桌機與強化功能的軟體，也是透過這個方式誕生。比爾·蓋茲這個專屬的獨自思考時間，對於微軟的發展而言，可說是相當重要的關鍵。

獨自思考的時間，對於思緒整理相當重要。若依賴周圍人士給意見或看法而做出決定，往往會帶來後悔與懊惱。重要的時刻，請務必仔細聆聽自己內心的聲音，忠於自身的欲望。對於一人企業而言，獨處的時間相當重要，因為那會是人生產生變化的重要分水嶺。

自我管理三項重要鐵律

獨自思考，並非要我們斷絕與他人的交流，而是在與不同的人見面、溝通、交流之外，更需要在工作中集中自己的思緒，並且要有一個人面對問題的能力。

一個人工作的情況下，可能會出現一些屬於一人企業特有的問題點，特別是會出現無法克制自己的情況，此時就要準備「管理自己」的方式，像是預約早晨的會議，或是健身房運動行程等計畫。

一人企業必須獨自工作並完成一份成果，如果拖延，容易造成後悔莫及的局面，因此，自我管理的練習是相當重要的一個環節。自從我開始一人企業的工作之後，就非常認真遵守成功的三項原則，獨自認真的工作且從不怠惰，而這也為我帶來許多成就感。自我管理的三項原則如下：

原則1　時間管理

我常常先設定好目標才進行工作，像是訂定一週的行程，並在前一天確認，當天亦不容許早晨晚起。晚起不但會影響一天行程，也會讓自己越來越懶惰，因此，訂定早晨起床時間，製造出必須起床的環境很重要；例如，起床後可以

獨自思考對於思緒整理很重要，
若依賴周圍人士的看法做決定，易帶來懊惱。

先閱讀書籍，或做和緩的體操運動。另外，不論我白天多想睡一下，都絕對不會去睡。要謹記「管理環境與時間」是一人企業相當重要的原則。

原則2　說不的勇氣

一個人會感到孤單，就會想要與不同的人見面，然而這樣很可能會虛度一整天的光陰，因此，就算今天的計畫是不工作，也不應將全部的時間都花在他人身上。

要珍惜自己的時間，不喜歡做的事情，不要因為他人的請託而全數接受。不要因為想當好人，而不顧自己的工作和原本屬於自己的時間。你選擇了一項重要的志業，就必須好好分配時間，他人請託的事情，在排序上必須在你重要的工作結束後，而且絕對不要在無法勝任的事情上浪費時間。

原則3　一次專注在一件事情上

事業剛起步的人總是會想同時做許多事，處心積慮的想獨自一人完成每一件事，這反而會是毀壞事業的起點。你一天只有二十四小時，就算整天不吃飯，最多也只能工作十三個小時左右，在時間有限的情況下，大多數人明明連一件事情都無法完成，你卻想像八爪章魚一樣同時做完每件事情，反而沒有一件事情能做好。尤其明明還無法掌握事業的方向，卻因為急於賺錢而每一項都想涉獵，這反而會分散精神與時間，最終無法獲得任何成果。

所以，你必須決定一個方向，並認真投入其中。當一個領域做出成果後，再集中於下一個領域，一次專注一樣為佳。成功之後，就可以將成功經驗引領至另一個領域，這個經驗又能成為下一次的成功關鍵。

04 正向行動力，將恐懼轉換成勇氣

許多來諮詢的人找我訴說他們的煩惱，他們雖想挑戰想做的事情，可是卻相當害怕失敗。

面對恐懼要擊鼓高歌

世界級的企業家伊隆．馬斯克（Elon Musk），是擁有個人財產十三億韓圜的億萬富翁，也是電影「鋼鐵人」的主角靈感來源，正是一人企業起家很具體的例子。

現今人們形容伊隆．馬斯克這個人的用詞相當多元，而剛開始，他也不是選擇大規模創業。大學時期他就想過要創業，但當時因為害怕失敗而產生恐懼心理。

他曾擔心「萬一失敗該怎麼辦？會不會因為這樣失去安定的生活？」他在煩惱過後，決定先嘗試看看，他為了體驗一貧如洗的生活，跑去超市買了三十美金的冷凍熱狗、柳橙以及義大利麵材料，準備用一個月的時間預先體驗創業初期可能會過的生活。

就這樣過了一個月的時間，他領悟到這樣的生活並沒有想像中的辛苦，若吃的、穿的部分可以不執著於世俗的眼光與欲望，僅靠一台電腦與一天一美金就能夠過日子。他確認了就算沒有錢，也能夠專心在自己想做的事情上，所以決定提起勇氣投入創業。目前為止，他所成立的電動汽車產業「特斯拉汽車」（Tesla）、宇宙觀光「SpaceX」等都相當成功。

因為無懼於失敗，勇敢的挑戰才能避免失敗，有機會創造出輝煌的成果。這一點其實很多人都無法克服。一般人感到恐懼，主要原因是出於不安全感，然而若勇敢面對現實，甚至像伊隆．馬斯克事先去體驗嘗試，就會發現問題其實沒有想像中的糟，就算當下會擔心害怕，但面對之後，證明這些問題其實自己承受得起，就能喚醒內心想要挑戰的勇氣。

一時的失敗也無妨

有一天，一位前來諮商的人找上我，說他想辭職創業，但又害怕失敗，所以相當的苦惱。

「你害怕最惡劣的情況是什麼？」我這樣問他。他說：「如果我辭職又創業失敗的話，就會變得一無所有。」

我請他更具體的想像這個恐慌的情況，以及他會如何因應，他試想之下的情況大致如此：「離開職場後感覺一無所有，馬上得面臨生活中會遇到的所有失敗挫折，及跟隨而來的無力感，想著自己必須快速賺取生活費，必須去打工。但當找回生活的安定感之後，就又能夠接受新的挑戰。」

那麼，這種情況要反覆嘗試到什麼時候呢？我會建議**「直到想做的事變成事業，而且明確的成功為止」**。

得出這個結論之後，這位朋友是這樣想的：

「這真的是我最恐懼、最惡劣的情況嗎？原來我恐懼的點根本不是問題！人生就算短暫經歷一無所有的情況，只要願意堅持且找到其他替代方法，就可以做自己想做的事情，並且充滿幸福。」

人生就算短暫一無所有，只要願意堅持且找到替代方法，就可以充滿幸福。

因此，他的恐懼消失，產生了挑戰的自信。

一個月後，他遞上辭呈，自行創業後一年就獲得十億韓圜的收益，目前還很活躍於產業中。他的眼神已經沒有當初辭職創業時的恐懼，而是一位充滿自信光彩的CEO。

在下決定之前，先思考最惡劣的情況後再行動，就能夠臨危不亂，降低恐懼，提起勇氣去行動。

人們對於自身恐懼的事物通常無法客觀看待，會用「那樣一定很可怕、那樣會毀了自我、失敗的話人生就毀了」等等的想法，來合理化自身的恐懼。但是仔細探究，就會知道害怕並不足以成為毀壞人生的大事，而一旦知道這一點，就能夠讓心情回復安穩平靜，產生繼續挑戰的勇氣。

05 用具體執行來鍛鍊自己

提起勇氣，接著就要進到執行階段。許多人空有夢想，卻沒有美夢成真的原因，就是他們只停留在「想」，而沒有實際行動。**實現夢想的方法，就是記下夢想，並且確實去實踐。**

自我開發專家博恩．崔西（Brian Tracy）（注3）曾經說過：「設定目標後努力去實踐，並將之內化為習慣，養成習慣之

注3：博恩・崔西是美國最頂尖的商業議題名師，他是暢銷書作者，也是全球在個人與專業發展領域首屈一指的顧問與教練。寫過三十幾本書，製作的影音教學產品超過三百件，他的許多作品經譯為其他文字，在五十二個國家廣為使用。

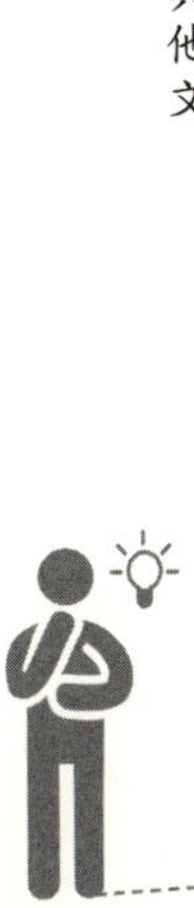

後兩年，人生就會有所改變。」他也強調：「成功的人不會害怕失敗，會認真的去執行所發想的創意；而失敗的人只會找出創意的問題點，作為藉口不去執行。」

不去做，就無法達成任何事

自我開發的書籍中常常提及「吸引力法則」，或是「光靠信念就能夢想成真」這一類的話，事實上，因為夢想無法實現而失望的人很多。過去，我也曾經因為看過《祕密》（The Secret）、《WATCHING》、《吸引力法則》（Law of Attraction）這幾本書，而有了用想像就能成真的幻想，卻也失望於夢想根本無法實踐。幻想成為有錢人，但現實卻將我拉回原地。

應該是哪裡出了問題，所以我特別注意了一些成功的CEO與我的不同之處，除了思索效法其計畫外，還規定自己必須身體力行地實踐計畫。像是想開始運動，就一定會準時去健身房運動；想去旅行時，就一定會馬上買機票；想舉辦研討會，就會發出公告。看著這些成功典範，我確實體悟到「有了想法就要即刻執行才有意義」。

一直猶豫是否應該將思考化為行動的人，對於自己要負責任的事，時常帶著恐懼感。我會對這樣的人說：「就是勇敢去做，然後負責。」雖然聽起來理所當然，其實不然。

成功CEO的共通點——執行力

成功的人，其思考與行動之間幾乎沒有分毫距離，他們會將想法馬上化為行動。因為，他們對於任何行動都有負責任的勇氣。

我也因為有執行力且態度負責，而在志業上有好的成果，想舉辦研討會時，在無任何計畫的前提下先行公告、宣傳，看了宣傳廣告後，就會有人申請參加，因為出現了參加者，所以開始去租借場地、製作簡報。其實，在研討會公告當下，我還是處於毫無準備的狀態，可一旦確定要舉辦，我就能將已經延遲數月的計畫，在兩週內成功地完成。

第一本著作也是同樣的情況，其實我一直耽擱了書籍撰寫的進度，當我發布新書預購的消息時，連一半進度都尚未完成，這時卻已經有讀者透過預購的方式訂購我的書。因為連同預購配送日期都大致底定，若沒有按時寄送，我將會成為騙子。當然，我不會讓自己成為騙子，只能善用剩下的時間認真的完成進度，無論如何都要將著作按時出版，準時寄達預購讀者的手中。

如果想要過著自己喜愛的人生，那就必須練習「執行行動，且為自己的行動負責」，如果可以做到，夢想就不會幻滅消失，反而會協助我們更務實的去生活。

只會作夢是沒有任何價值可言的，必須具體實踐，才能讓夢想顯現出價值。

思考且馬上行動

知名冒險家約翰·戈達德（John Goddard）從十七歲開

如果想過自己喜愛的人生，就必須練習執行行動，為自己的行動負責。

始就一項項完成自己所設定的一百二十七個冒險旅程，例如爬上聖母峰、到亞馬遜探險，甚至到極地探險等等，在四十年間認真的實踐夢想旅程，他曾經這樣說：「夢想不是未來，夢想就在當下，用心去感受，用雙手、雙腳去完成它。」

在此，我要分享一個營造行動環境的方法，尤其適用於常常空有夢想卻沒有身體力行的人。

方法 1　設定明確目標

大部分的人設定目標時，都是像讀英文、看書、運動等等十分不具體，這樣的目標無法執行，因為這些並不是具體可行的步驟。設定具體內容步驟，才是行動的開始。舉例如下：

【明確列出執行事項表】

不明確的目標	具體可行的目標
讀英文	一天背十句英文句子
看書	每天看五十頁的《徬徨少年時》
運動	每天做瑜伽三十分鐘

方法2　選擇可以執行的環境

許多計畫無法執行的原因，可能是環境沒有給予適當的急迫性，像在家運動或是在家念書，失敗的原因大多在於環境過於安逸。

在安逸舒適的場所中，獨自執行工作而且要達到高效率的可能性不高，此時就需要依靠他人適度的關注，進而達到能夠執行的環境要件。例如，目標為讀書時，可以選擇圖書館或是咖啡廳，運動可以選擇健身房或是報名瑜伽課程，花點錢進入一個環境取得督促條件，會讓工作能夠更具有效率、更準確地執行。

方法3　找尋積極的夥伴同行

有些人一旦獨處，就會難以遵守自己訂下的各種約定，因此這類人若能與積極性高的人同行，就能產生更好的效果。畢竟在獨自計畫、獨自執行的狀態下，中途放棄的人頗多，若有人盯著，就不會輕言放棄。同時，若有人能在這條路上一起同行，那麼達標這件事情也就會變得有趣多了。

有夥伴共同煩惱需要執行的目標、分享各自的問題點，也能更順利地找出絕佳的解決對策。像是讀書時，若有讀書會能分享進度與心得會更好；運動時，若有一同運動的朋友，也會更能持續下去。

方法4　訂定確實遵循的期限

目標一定要設定期限，若只想著「總有一天會做」，就必定會永遠停滯不前。因此，**我們需要為目標設定完成期限，才會有行動力。**就像我們在學生時期每到考試期間就會死命複習一般，若設定了時間，就會督促自己行動。但千萬不要只設定一個簡單的時間點，而是要設定一個最後期限，告訴自己「如果不做就死定了」的非做不可的最後期限。

第三章

01 龐大企業的CEO，也要有夢想
02 融合你的夢想與世界的目標
03 刻畫沒有人挑戰過的人生藍圖
04 瘋狂的欲望，加上瘋狂的創意

成功找到志業，
一人企業的開始——願景

01 龐大企業的CEO，也要有夢想

對於收入，一般人都會設定符合自身水平的目標，多數人認為：「不就是要過日子罷了，賺那麼多錢能幹嘛，我只需要這樣就好了。」但每當一個人獨處的時候，又會擔心起錢好像不夠用。也就是雖然嘴巴上說「我這樣就足夠了」，但其實內心深處有著更大的欲望。

一開始就設定遠大目標的人，比較會獲得更大的成就，因為他會開啟自己最大的潛能全力以赴。你既然想成立夢想中的一人企業，就不能把夢想的目標設定得過小。

做夢是不需要花錢的，所以請不要自我設限，要讓自己

朝向更寬廣的世界前進。這世界會為有遠大夢想的人開啟不同的可能性。或許有人會反問：「遠大的夢想不是都無法實現嗎？」

是的，不是所有的夢想都能夠實踐，但是**懷有遠大夢想的人，成功的可能性就會越高。**若從一開始就不做夢，是不是就連任何可能性都沒有呢？其實每一位成功的人、擁有一間偉大企業的CEO都一樣是從夢想起步，即使開始的時候覺得成功的希望渺茫，仍然都懷抱著一個遠大的夢想。

所有鴻圖大業，都從希望渺茫的野心開始

前文提及的伊隆·馬斯克，他也曾經在夢想開始的時候覺得希望相當渺茫。他離開出生地南非比勒陀利亞，來到加

拿大，在二十四歲時就創立了「Zip2」這間公司，「Zip2」是一間提供線上地區資訊的公司。創業僅四年的時間，就以二千三百萬美金的價格賣給康柏電腦，同時投入線上金融市場，並投資X.com。一九九九年X.com合併了其競爭對手Confinity，促成了電子信箱結帳服務PayPal的成長。PayPal在線上的高人氣，也讓eBay願意花上十五億美金的價格收購。

相信大多數的人都會到這裡就止步，覺得累積這樣的財富就足夠了，但是伊隆．馬斯克並沒有因此停止對於各種欲望的挑戰，他為了想挑戰宇宙旅行與火星殖民建設，於二〇〇二年六月設立SpaceX，成為宇宙觀光的早期投資者，同時也投資地球親環境事業，創立電動汽車公司「特斯拉汽車」與發展太陽能發電的 SolarCity 公司。當時，電動車完全不受市場矚目，如今，特斯拉生產亮相之 Roadster 售價約十萬九千美金，不僅人氣與日俱增，銷售量也蒸蒸日上。他更在二〇一四年六月將電動汽車的專利無償公開，表明了不畏懼競爭對手及他想坐大電動汽車市場的野心。

伊隆．馬斯克是如何獲得成功的呢？督促他的原動力，來自於幼年時就擁有的「遠大的夢想」，而且從不輕言放棄。

伊隆．馬斯克的夢想是「拯救地球」，因此他設定了三階段的目標。第一是引起網路革命，第二是透過宇宙產業進行火星移民計畫，第三是提供親環境能源。他努力認真的去實現他所設定的目標，一步步達成他的夢想。

回顧一些龐大公司的誕生過程可以發現，這些公司多

半一開始都是又小、又寒酸，例如二〇一四年營業額超過八百億美金的亞馬遜，一九九五年創業的當下，僅有執行長傑佛瑞·貝佐斯（Jeffrey Bezos）與夫人，以及一名技術員工。日本首富「軟銀」會長孫正義，當初也是與兩名員工一同在倉庫創業。而我們認真檢視各國企業的起步，可以發現多半都是這樣開始的。

這類公司的創辦人擁有遠大的目標，以及堅毅而具體的行動力，即使公司草創時期的規模小又寒酸，但是他們所擁有的夢想，卻能讓他們具有邁向發光發亮之路的勇氣。雖然無法理解他們為何能夠擁有這樣的夢想，但是，他們不僅認真的實踐，改變了自己的人生，同時也對這個世界產生相當大的影響力。

像火箭一樣升空，不要像陀螺原地打轉

當我們問年幼的孩子有什麼夢想時，孩子可能會說想當總統、科學家、藝人、足球選手、作家或編劇等等；隨著年齡漸長，夢想就跟著萎縮，直到成為大學生之後，夢想就只剩下找份安定的工作；而順利進入職場後，就以升職為夢想目標；等到適應了公司環境，開始感受到現實的限制，於是從小的夢想目標就這樣一步步後退，直到有一天，夢想完全消失在現實生活中。

如果你目前就處在這樣的情況中，請快點掙脫走出來。當每天都生活在同一個空間、與同一群人相處之下，會落入一個固定的模式，而每天落入同一個模式中，就會產生與該

生活模式相同的想法，容易自我設限，不知不覺失去自己的夢想與目標，變成安安分分過日子的一般人。所以，我們要隨時注意，不要讓自己落入僵化的環境裡。

每個人都擁有相當的能力，然而，一般人無法盡情施展其能力的理由，就是不信任自己有相當的能力。所以，我們經常低估自己，只設定了小小的目標。

射箭時，瞄準標靶的角度要比標靶位置高一些，這樣才能準確射中標靶。如果將自己的目標設定得太低，其所獲得的成就便少了許多。

當設定的目標越小、越近，路途中的絆腳石會更礙眼；但是若目標設得遠大些，眼前那些障礙就顯得不突出，也越容易跨越。心懷夢想，一步步地橫越障礙物，所產生的勇氣自然一次次的更加強大。

你的未來，取決於你所刻畫的夢想。而人的一生如果只有一兩次體驗的機會，何不設定一個更大的目標呢？設定一個此生一定要完成的、令自己怦然心動的目標，並且努力認真的去完成它。

當設定的目標越近，途中的絆腳石會更礙眼；
若目標設遠，障礙會更容易跨越。

02 融合你的夢想與世界的目標

對我而言，我的夢想是協助不滿足現況的人改變他們的人生，享受豐富的生活。我希望能用擁有的知識與能力幫助他們，發揮所能在所選的志業上，但至於「用什麼方法才能傳遞我的知識與經驗」這件事，當初我完全不懂。

你可能也會有這樣的苦惱，煩惱自身擁有的能力、知識該如何傳遞、如何提供給他人參考。但其實，沒有人能準確的告訴你有什麼好方法，於是許多人因為沒有別人訂定的標準方法，就徹底放棄了幼時的夢想。

該怎麼做才能將自身擁有的才能與他人共享，又可以維持生計、創造價值呢？這就是一人企業的目標：在維持生計的同時，不追著金錢跑，而是將自己想做的、對社會有意義的事連結在一起！

做有價值的事，成為有價值的你

我發現了人生導師這個領域，並且透過學習課程認真汲取相關知識，也從中感受到樂趣，更積極實踐我的夢想，帶給世界正面的希望與好的影響。所以，我非常認真地透過人生導師諮詢課程，協助他人設立目標、過著熱情有活力的人生，而我也從這個志業中，獲得不少成就感與無限的喜悅。

一開始，我也並非一帆風順。這份工作讓我不斷思索該如何協助更多的人，當我傾聽他們的故事、提出適當的問題，讓他們徹底理解自身的成長與改變，這些引導方法都須透過不斷學習。而且還有另一個問題，那就是許多人對於人生導師的領域不是很理解，也不知道我做的事真正的價值所在。

我認為我在做的事是幫助他人成長與改變，是非常有意義的工作，所以大家應該會喜歡。但有不少人反應卻相當冷淡，對我的工作毫無興趣，甚至無法理解的人也不在少數。不過我依然努力不懈的從事這份志業，因為我相信如果做得好，人們就會看到我的努力。我非常努力的想追上前輩的腳步，但當時的結果卻和一些前輩一樣——破產。

最初人們並不認同我的工作價值，確實讓財務出現問題，必須先去賺錢，才能繼續挑戰我的夢想，再度開啟我的學習旅程。這個重要的學習過程，就是苦思自己的不足之處，面對現實困難，一一找尋問題的解答。

揪出盲點，用世人之眼看我的夢想

過去我最大的問題，就是只關心自己的夢想，不在乎他人的要求、看不到世人的期待，只想著「我最厲害」，所以，人們漸漸不喜歡我的諮詢服務，最終也導致我破產。

我發現我需要改變工作策略，首先，需要先找到人們想要的是什麼、目前煩惱的事物是什麼，依據這些來改變我的策略方向。人們想要知道的是往後可以如何過生活、自己的夢想與欲望該如何連結、如何設定目標與方向，因而，我需要認真傾聽他們的夢想故事，提供溝通管道，理解他們在煩惱什麼，以及他們想要有什麼成果。

同時，透過閱讀各類書籍、學習各種課程，以及各類網路文章去理解、收集現代人普遍的煩惱是什麼，思考出可行的解決對策，再加上學習人類心理與行銷課程。當我如此認真的修正好策略方向之後，人們也逐漸願意找我諮詢。

過往是我主動邀請人們來我的人生導師諮詢課程，而現在人們會主動找上我，不但研討會能聚集數千人共同參與，寫的書也有許多人購買閱讀。現在，我傳遞出去的訊息有五千多名會員能夠收到、看到。每天，我都能透過想要做的事情讓人們成長，也能賺取收入，這是因為我採用了與過往不同的策略。原先，我僅以自我為中心；現在，我知道要以他人的立場來思考，為他們考慮想做的事情。

不僅只有我，來諮詢的人也都具有改變世界的能力。從事美容業的人將美麗的方法傳遞給大家，自行創業的人將創業的方法告知大家、提供人們更好的行銷方式，**大家各自做著自己喜愛的工作，而這些工作不僅極具意義，又能獲得良好的收入，這不就是最美好的生活嗎？**

這世界原本就有許多不同的人，各自擁有屬於他們的能力，每個人也都想施展自己的能力以成就夢想，但卻常常被困在夢想與現實之間，這有一部分原因是他們做的事情不符合這個社會的需求。因此，**若想要成功，就應該注意這個世界需要的事物是什麼，而這些需求是否與自己的夢想一致。**

如果你想要做的志業能契合眾人的需求與問題，那麼就能夠盡情享受在這個工作中的成就感，以及過自己想要的生活，因為，這些工作勢必能夠獲得比想像中還要多的收益。

想要成功，該注意這世界需要什麼，
這些需求是否與自己的夢想一致。

03 刻畫沒有人挑戰過的人生藍圖

你擁有人生的北斗七星嗎？每個人都曾有過徬徨無助的時刻，像在茫茫大海中找尋陸地的船舶一般，這時燈塔就是船舶回港的關鍵角色，可以為船舶照亮一條回家的航道。能夠達成夢想目標的具體路線圖，就如同人生的燈塔，給予人們關鍵的希望。

當然，目前所有的成功人士都會設定夢想目標，為了達成目標，他們比誰都還要專注且努力不懈，不僅描繪出自己前進的路線圖，並且真的起程，直到獲取成功的果實為止。

設定標竿，享受達標的喜悅

其實，一開始我也不知道該如何設定目標與執行方法，因為我不知道該做些什麼。當時我的人生沒有目標也沒有希望，就算開創事業也可能會中途放棄，因為覺得無法賺到錢。然而，當我開始人生導師的志業，便知道這就是我的目標，因為我能確實回顧過往人生、設定願景，並依據願景設定目標和執行方法。我的願景是「每個人都有夢想與方向，我要協助他們找到，並過著豐裕開心的人生」，這個願景始終在我心頭溫熱著。

會有這樣的願景目標，是因為我也曾經找不到夢想與方向而徬徨失措過，當我找到時，竭盡全力地達成，並享受過程中的成與敗、好與壞，因此，我很樂意與大家分享這個重要的經驗。

我大膽的設立人生導師諮詢公司，為需要的人們開班授課並宣傳自己，就在我的各種努力之下擁有五千多位會員，也為一千多人上過人生導師的諮詢課程，離我計畫的願景也更靠近一步。

在最初那段毫無人生方向的時期，我覺得自己是個平凡不受矚目的人，但是當我擁有目標時，人生開始有了積極的變化，也確實領悟到自我開發的相關書籍為什麼十分強調「目標很重要」這件事，或許正在看這本書的你會覺得不以為然，但是我想反問你：「你曾經感受到設定目標，而後達成目標的喜悅嗎？」

把握住幸福的轉捩點

目標，是改變人生的轉捩點，但是許多人卻不知道如何設立目標，以至於完全無法走到執行的步驟。

設定目標其實不如想像中困難，簡單的說，目標就是自身想做的事情，而目標也能夠開啟更明確的方向與選擇。

那麼，「願景」與「目標」有什麼不同呢？簡單的說，願景是對於未來夢想的想像藍圖，而目標是完成這幅藍圖的具體指標，也就是達成願景的手段和方法。

也因為如此，在不知道願景是什麼的情況下，如果貿然設立目標是相當危險的行為。若只設定短期一年的目標，在目標完成之後，還必須接著規劃下一個階段的目標，無論是一年、五年、十年的目標，持續跟隨著確實的進度來執行是

願景是未來夢想的想像藍圖，
目標是完成這幅藍圖的具體指標。

相當重要的。

願景明確才能有目標，而要設定願景，就必須先問問自己下列幾個問題，並整理出答案：

Q1 人生最重要的三個價值是什麼？

Q2 讓你最興奮的事情是什麼？

Q3 神燈精靈出現在你面前，你會許什麼願望？

Q4 早上起床出現奇蹟，你覺得什麼奇蹟會讓你興奮無比？

Q5 你中了二十億樂透獎金，若可以自由使用這筆錢的話，你想做什麼？

Q6 神仙出現，保證你可以成功的話，你最想成功的目標是什麼？

將寫下來的文字列出優先順序，接著整理出第一順位，這就是你人生中最重要的願景，也是亟待完成的最大藍圖。

抵達願景的路線圖

現在開始要刻畫完成目標的路線圖。

目標有幾項要件：一定是讓你怦然心動且馬上想要做的事情，而不是因為沒辦法非得要做的事。例如不要寫下自己並不想要做，只是為了顧及他人眼光的事，像是「捐獻救助窮苦孩子」之類的目標。要老老實實地表現出自己的欲望想法，不論是喜歡的或是想要的都好，具體地寫下你的目標。

再次強調，不要寫下漫無邊際的目標，也不要寫下做給他人看的目標，而是要描繪出能夠讓自己全心全意達成願景的目標路線圖。

目標設定的方法步驟如下：

Step 1 寫下自己想完成的五十件事情。

Step 2 給予優先順位，從最重要的部分開始標示A、B、C，接著細分優先順序標記A1、A2，而A1就是人生最想做的目標。

Step 3 決定達成A1目標的期限。

Step 4 寫下達成A1目標所需要的資源。

Step 5 寫下達成A1目標所要學習的事物。

Step 6 寫下達成A1目標可能會遇到的障礙與解決方法。

Step 7 目標需要具體明確的標示一年、六個月、一個月要完成什麼。

【具體實踐目標時間表】

志業方向				
目標				
一週待辦事項	一個月目標	六個月目標	一年目標	十年目標

04 瘋狂的欲望，加上瘋狂的創意

「我想開一間能夠提供手工啤酒與漢堡，且具有藝術氛圍的餐廳，讓找上門的客人都能在這特殊的裝潢下，欣賞美術作品、感受美妙的音樂以及品味美食，也就是一間能夠讓人五感滿足的餐廳。」

有一位諮詢者在人生導師課程中刻畫出這個願景，她因為不知道自己究竟想做什麼，也不知道自己該從事什麼行業而找我諮詢，她原本在料理師、自行創業以及藝術家的抉擇之間徘徊，透過人生導師的諮詢課程，她正視了真正想做的事情。

她喜歡美食，所以常常會去找尋美食店家品嚐，而所有美食中，她特別喜歡手工啤酒與漢堡，也想過要開一間專賣這些美食的店。加上她幼時曾經想要學習美術，但由於家庭環境不許可，因而被迫中斷這個興趣，但她仍舊對美術情有獨鍾。

掏出內心最純真的欲望

若想要確認那是否是最純真的欲望，區分究竟是單純的欲望，還是為了想賺錢，就要問自己以下這個問題：

「當你窮途末路無法賺到錢的時候，是不是還願意繼續這個欲望？」

若你的答案是放棄，那就不是你最純真的欲望；若是無法賺錢也不願意捨棄的話，那就真的是單純的欲望。

在引導之下，這位諮詢者很有系統的整理出自己想要做的是手工啤酒與漢堡、餐廳連鎖化、美術作品這幾個項目。

接著，就是要思考自己想做的事情該如何才能全部完成呢？在煩惱過後她想到一個主意，那就是開一間販賣自己喜歡的手工啤酒與漢堡的餐廳，並且可以在裡面展覽自己的畫作。她認為這間餐廳一旦成功開業，就會讓人們有不同於其他餐廳的感受，若是這間餐廳營運良好，深受客人喜愛的話，不僅可以開連鎖店，更能獲得事業上的成就感。這樣一來，不是就能夠做到所有自己喜歡的事情嗎？這位諮詢者的創意，同時也能提供這個世界更寬廣的跨事業創意，而這個藍圖就是她的「願景」。

她目前為了這個藍圖設定具體的事業計畫，並充滿熱情的準備夢想中的一切。其實，她在找到願景的當下，內心相當激動，就像找回她的人生一般，也因此她知道該設定什麼具體的目標，從此產生自信心，擁有熱情去面對、去行動。

你實現的是工作，還是夢想

人們容易將工作當成夢想，但事實上，工作只是完成夢想的目標之一，可惜的是人們多半不知道這點，只知道努力認真達成想做的工作，卻讓自己陷入沒有願景、無限徬徨之中。

有一位教師朋友，她努力認真的想獲得一份安穩的教職工作，她認為她的夢想是當一位老師，所以努力不懈的朝教師之路邁進。最後，她通過教師任命考試，成為真正的教師，這可說是她努力四年獲得的成果。

夢想成真的她過了幾年不錯的生活，每個月都有固定薪水，也有寒暑假的時間可以充電休息，對許多人來說，可是個令人羨慕的「夢幻職場」。但是她卻開始覺得憂鬱，不知道自己為什麼要做這些工作，開始厭倦教導孩子課業。或許是日復一日重覆的生活讓她產生空虛感，雖然她也嘗試著運動或是旅行等休閒活動，但仍然感到人生乏味，至今都無法滿足於這樣的生活，同時內心也感到孤單難受。

怎麼會發生這種情況呢？明明她達成了自己的夢想成為老師，為什麼會讓她變成這樣呢？

這位朋友的情況，就是把自己的夢想誤解成「職業」。

但是把職業當成夢想，究竟是哪裡出問題呢？她沒有想過達成之後的問題。

因為把職業誤當成夢想，找到一份安穩的工作，就以為解決了所有的問題，人就會停止思考下一個目標，進入徬徨無助的狀態，這就是我之所以強調「要正視自己內心欲望」的原因。

夢想不是名詞，是動詞

夢想絕對不能定調於工作職場上，一定要超越工作的層次，是自己真心想做的事情才對。夢想不是名詞，而是動詞，是人生最想傳承的事情，是會讓內心跳躍不已的事情。因此，重要的是內心的欲望與創意。

設定願景時一定要有欲望，欲望並不是壞事，而是自己真心想做、會讓自己怦然心動、興奮無比的事情。試著把它找出來，並與自己的夢想結合，再加上創意去具體的發展。

舉例來說，將「喜歡看畫、感受畫的魔力」與「畫家」的欲望結合是危險的，因為喜歡畫作，但卻認為當個畫家不能賺錢的話，會容易產生挫折，而輕易放棄自己的夢想。請記得，若把夢想限定在工作職場中，是無法讓你自由做夢的，所以**千萬不要在初始階段就將你單純的欲望與錢、工作連結在一塊**。

若擁有單純的欲望，就要讓它自由的發展，並且與有趣又歡樂的事物相結合，像是「想彈吉他」的欲望與「想與人們分享音樂創作」的欲望，然後想想會有什麼創意的做法可以去做。

「在氣氛好的咖啡廳，讓人們來聽我的吉他演奏，同時享受咖啡與音樂。這是一個讓上門的客人可以藉由音樂互相認識、互相交流不同音樂想法的地方，在這裡也可以開派對，一同分享感性的人生與音樂。」

這是一位喜歡吉他演奏的諮詢者的願景，這個願景不是在說明想成為「老師、醫生、事業家」等職業，而是單純的說出最基本、最單純的欲望。

分枝生芽，有些事永不止息

依循願景前進的人生不會有無聊的時候，因為願景會持續產生新的欲望。再者，認真的一人企業不會將自己的夢想

設定願景要有欲望，欲望並不是壞事，而是自己真心想做、怦然心動的事。

當成職業，他們會擁有無限的欲望與創意，創造出更豪氣的未來藍圖與發展方式，不想與他人從事一樣的職業，而是想要創造屬於自己的世界。

就像前文提及所有諮詢者的故事一樣，願景能帶給人們無窮的欲望與熱情，朝著自己想走的道路前進，讓生命活得更豐裕、更有意義，也是人生最大的反轉。不僅是單純的達成目標就結束，而是能持續產生新的目標與欲望，不斷的發展下去，這可說是人生最夢幻的藍圖。

現在該輪到你了，試著找出你隱藏已久的欲望，加上一點創意，刻畫出屬於你的美好世界與願景，跳脫工作職業的框架，畫出你真心想做的志業藍圖。

第四章

01 學習的獲益，是最有價值的投資
02 六個月內成為專家的百本閱讀法
03 知識汲取比心靈學習更重要
04 知識要分享共有，不要獨佔
05 像富有的CEO一樣思考及行動

發展願景、開拓企業的祕訣——學習

01

學習的獲益，是最有價值的投資

我投入大量的金錢學習許多事物，而所謂「學習」指的不是學校的正規教育，而是私人學習課程，也就是俗稱的補習教育課程。目前在韓國對於「補習教育」多半為負面評價，但是我所說的「私人學習課程」是關於自我意識、自我開發、商業經營等學習。

我會願意花錢學習的理由很簡單，因為投資在學習上的所有費用，往後都會變成我的收益回到身上。

關於學習這件事情，大多數的人都集中在語言學習或是證照取得的課程上，但如今這兩大類型也已經無法拉大與他人的差異，因此，不該只是選擇大家都在學習的類型，而要選擇自身專業的領域、自我開發，以及與收入相關的學習。這就是我所謂的「會變成我的收益回到身上的學習」。

大學時期我也曾經花錢、花時間上過英語會話、多益考試課程、金融證照等，但所獲得的成果卻相當有限。看看我就知道，我目前的工作與多益分數完全無關，而我所取得的股票投資分析師、債券投資分析師、國際金融分析師等證照，也無法活用於目前的工作。如果當時我能把學習這些的時間拿去學習目前的專業領域，不知道會不會更好呢？

不可以、也不需要再跟他人一樣

該是要改變一直以來跟他人學習同樣事物的習慣了，現在就是告訴自己不可以、也不需要跟他人一樣的時刻。從這麼決定之後，我專注於想獲得的事物而學習，雖然起步稍晚，但我還是很開心的學習所喜歡的事物。包含自我開發、心理學、歷史、哲學等領域，找出相關書籍並閱讀，同時也去申請網路課程，認真的聽講。

花在這些課程的費用對我而言不是問題，不是因為我有多餘的預算，而是認為已經起步晚了，面對這些「真正」需要學習的事物，必須積極的迎頭趕上才行，特別是人生導師課程雖然花費了我數十萬元，卻也取得人生導師的資格，獲益良多。

此外，我還參加了自我意識、自我開發等講座、研討會，因為這些講座與研討會，改變了過往平凡的思考模式。過往的我，總是非常躁進的想快速解決他人問題，而透過這些講座、研討會，不僅增加了我的自信心，更讓我知道該如何挑戰自我，進而改變看這個世界的角度。同時也讓我產生勇氣，開啟我舉辦不同的研討會、寫書出版等多重的事業模式，讓收益增加至少十倍以上。

同時，我也常參加經營、行銷等研討會，增加與他人見面聊天的機會，這類的活動通常有許多事業家參與，可以藉此拓展更多、更廣的人際關係。這些事業家多半具有上進心，對於自身的事業有遠大夢想，擁有無比的熱情與行動

力，我也從他們身上獲得許多事業靈感，學習到具體的事業策略。這是過往的我絕對無法接觸的世界。對我而言，「學習」是我與從未接觸過的新世界之連結通道。

短暫的波動，是後勢的訊號

我將「學習」與「投資」畫上等號，學習不需要過於計較花費，它的益處巨大，卻很難量化。雖然一開始我也無法確定這項投資會有什麼結果，學習性的投資原本就無法馬上轉換為獲利，有時也可能造成短期的債務，所以事實上，當時的我也相當恐懼害怕。

「真的可以這樣嗎？如果因為這樣破產該怎麼辦？」

雖然內心難免會有所恐懼，但事實證明，這項學習投資確實為我帶來相當大的收益，讓我有更多學習、熟悉事業經營的機會。

學習喚醒我心中沉睡的潛能，讓我完成許多過往因為恐懼、因為覺得自己無法做到而擱置的事情。現在的我跟過去的我不同，現在的我，過著學習之前無法想像的人生，這都是我不吝於投資學習的結果。

即使對於是否要投資學習新事物感到猶豫，請不要輕易放棄，要認真往前走，如同投資股票市場一般，不要因為股價短暫的波動就急著賣出，因為這樣一定賺不到任何錢。同樣的，學習也是一樣，就算不會馬上出現成果，但要相信總有一天能夠回收，千萬不要吝於讓自己變得更專業。

「投資型」與「消費型」學習

學習有不同的種類，區分的基準也不同，我將學習分為兩種：為未來收益做準備的「投資型」學習，以及不久後就會消失殆盡的「消費型」學習。

跟隨著他人準備就職考試或是轉職用的語文證照，或許短期內有效，但長期來看可能是毒藥也不一定。如果分數不夠或是考不到證照，反而是浪費時間與金錢，因為這在生活中根本用不到。就算最終成功就職或轉職，也只是短期目標的成功，但為此所付出的時間會佔去真正想學習的時間，長期看來反而是種損失，這就是我定義的「消費型」學習。

若想確實區分「消費型」與「投資型」的差異，就要先思考這項學習能否為自己帶來收益，同時要集中學習自己真心想學習的專業領域，不論是與自我開發有關，或是與收益有直接相關的學習都是如此。長期而言，這樣的學習、這樣的投資，比任何投資商品還具有更高的獲益率。

當然，也不是所有的學習都是為了收益，單純因為喜歡而學習也沒關係，重要的是要讓身心均衡的學習。雖然應該要將自己喜歡的、能夠對未來有幫助的學習列為第一優先，但其實有興趣、單純喜歡的學習，也可能帶來助益。許多例子正是如此，基於興趣學習自己喜歡的知識領域，學著學著也會出現該領域延伸的專業，成為該領域的專家。舉例來說，可能因為喜歡汽車而學習汽車相關學理或技能，最後成為汽車改裝專家；或是因為喜歡做料理而學習料理，最後成為料理師。

學習喚醒心中沉睡的潛能，讓我完成許多過往因為恐懼而覺得自己無法做到的事。

除了要學習自己喜歡的事物，如果想要成功的經營事業，那就還要學習相關的知識，但並非一定要取得MBA學位不可，而是要學習實務上能夠使用的行銷、會計、業務、人資管理等，也就是能教導你實際行銷該如何著手、業務又是如何進行工作等，這些都是必要的學習項目。

一人企業非常需要時時刻刻自我成長，才能夠具有競爭力，帶來更大的獲益。因此，持續的學習與成長，絕對是最重要的投資。

02

六個月內成為專家的百本閱讀法

在一個領域能被稱為專家的人並不多，因而被稱為專家的人，都在該領域備受肯定，也相對擁有高額的收益。他們能到達這個境界，絕大多數是因為他們擁有比他人更多的知識與經驗，因此可知，要成為專家須耗費許多時間學習，所以有許多人連嘗試都不太願意，就直接放棄。

專家是每個專業領域的翹楚，在某些技能和學理上擁有頂尖的能力。我們在一開始通常無法一蹴可及擁有高等的實力，但至少要開始為自己擬定學習計畫。想要具有某個領域的基本專業能力，至少需要六個月以上的認真學習，才能打

下基礎。

雖然想成為專家而願意持續學習的人不在少數，但是學無止境，如果將想達成的水準設定過高，可能會造成花上數十萬元的投資，卻不見得真的能達成預期的獲益或成效，若在工作上無法展現其投資的效益，那是非常可惜的事。

因此，我為那些「想成為專家，卻不知道方法」的人，找尋到幾項不需花費過多時間與金錢的好方法。

成為專家的捷徑——大量閱讀

沒有比「閱讀」更能快速累積知識了。書籍的作者多為累積數十年的閱聽經驗與生活感受，撰寫成書籍與人們共享，因此閱讀這些書籍，能在人的左右腦之間建築起一道連結橋梁，豐富的知識能刺激活化腦部，是讓人感受到新穎、變化的最佳媒介。

我到目前為止閱讀了上千本的書籍，在閱讀的過程中，書本裡的知識與智慧在我腦中重新組合後，成為我的經驗。而我不但在收集、整理知識的過程當中吸收了知識，也在工作中傳遞相關的知識。

神奇的是，這樣的做法完全改變我的人生，知識不只在我腦中成長，也能將其實踐於生活中。而我透過這些實踐進一步發展更大的能量，想當然耳，我能夠成為一位寫書、開課專家的最大契機，也是因為閱讀之故。

其實，我也不是一開始就喜歡閱讀，因此，我**從有興趣的書開始閱讀，從一個主題開始漸漸讀到另一個相關的主**

題，一步一步的看完更多的書。養成習慣之後，就會喜歡沉浸在閱讀中，一本一本的看下來，從一本到十本、從十本到百本、千本。

知識密集百本閱讀法

良好的閱讀習慣能改變人的想法，用更寬廣的視野去認識、探索這個世界。

而我透過多方閱讀之後，更想要與他人分享所擁有的知識，因此我藉由課程、研討會分享，人們漸漸開始認同我是專家，對我而言確實是一大激勵。

親身經歷這一過程，我知道成為人們願意找上門的專家並非遙不可及，因為我嘗試過，所以更能確定這個方式有用，也就是「百本閱讀法」，閱讀一百本自己有興趣的專業書籍，而不是毫無目的隨興閱讀。詳細的實行步驟如下：

Step 1 選定一本專家著作，認真精讀十次

首先要決定一本自己有興趣的書籍，也就是鎖定想成為專家的那個領域之著作。接著，選擇該領域有名望、受人尊敬的專家的書，閱讀時，要在重要的段落畫線標記，而且整本要看五次左右。閱讀到第五次之後，集中於畫線標記的部分做重點閱讀，就這樣一共閱讀十次，該專家書中所提出的知識與想法，就會重覆出現在你的腦海中，成為你大腦知識庫的一部分。

Step 2 延伸閱讀，列出專業領域一百本書單

有名望的專家在書中一定會列出他所推薦和參考的書

在閱讀的過程中，書本裡的知識與智慧在我腦中重新組合，成為我的經驗。

籍，不要遺漏任何一本。就算其中有些參考書籍主張的想法互相違背也無妨，全部找出來。接著從這些當中繼續去找出其他所參考的書籍，現在是網路時代，只需要上網檢索就通通都能夠找到了。依此類推，用這種方法整理出一百本書單。

Step 3 一次一本，設定閱讀一百本書的計畫

把清單內的書全部買下，若買一百本有困難的話，就以自己能力範圍內盡量多買幾本，買下之後就會有想閱讀的欲望。因為需要畫線，所以不適合從圖書館借閱，盡量是用購買的方式。

閱讀的時候要設定時間，一開始會花比較多的時間，但會越來越快速，尤其是自己喜愛的領域，很快就能閱讀完

一百本書。

Step 4 精華匯集，將心得想法整理成教案

「百本閱讀」之後，並非就此結束，閱讀完一百本之後要嘗試著將自己理解的內容寫成教案。首先，先以閱讀的內容為基礎，整理羅列出自己的想法，接著擬成有邏輯的說法。

如果對於「領導力」有興趣，在自己可以輕鬆闡述的範疇內，整理出「領導力與合夥能力」或是「世界偉人的領導力」等稍具深度的主題。再將這些內容做成上課用的講義簡報，最好是可以用關鍵字的形式製作，先嘗試說明給親近的朋友聽看看，可以清楚整理出腦中擁有的知識邏輯，進一步完成簡報製作，以及簡報時所需要說明的內容。

Step 5 邏輯內化，有興趣的主題編成祕笈手冊

完成教案之後，就是要開始整理小冊子的時間。

首先，以教案為主軸，將簡報內容轉化為文字，這與授課的內容不同，授課是將想法用口語表現出來，而撰寫成文字則需要更深層的思考與探究整理。透過文字化的過程，能夠更進一步的思索有關該主題更多、更廣泛的想法。

像這樣整理集結知識並分類，找出優先順序，有計畫的整理知識邏輯，你就能成為專業人士，在該領域比一般人多懂幾倍以上的知識，也因此擁有分享知識給他人的能力。

靠這些知識，除了能運用並產出價值外，人們也會願意認同你、找你諮詢，並且願意支付合理的報酬。

03 知識汲取比心靈學習更重要

內心深處是否願意把習得的知識具體實現，是行動力最大的關鍵，亦即是否願意將書中獲取的知識，透過實際行動轉換成經驗，作為實證。當然，一開始很多人對於書中說「想像成真」的話語都無法置信，但事實上，若內心願意信任自己，就能將夢想變成真實。

一般而言，人們深信為了求知識就必須學習，覺得腦中充滿知識，所有的事情都能迎刃而解，也可以賺到錢、獲得成功。但是，只有腦中充滿知識是不可能會幸福的，幸福取決於內心，也就是情感面。

啟動內心的潛意識

從前我曾認真思考過一個問題：「我到底為了什麼要這樣認真學習？」

我的結論是為了事業成功、賺大錢。

我也想像著自己開著BMW、賓士、法拉利等名車，載著美女奔馳於海岸的模樣，想著我能擁有一間大房子，有個人的書房，房子裡鋪上滿滿的大理石磚，過著豐裕的生活。心想如果我可以這樣生活著，應該就會很幸福。

換個角度想，好像並不是因為那些物質吸引我，而是在那種情況下我能夠感受到「幸福的情感」，也就是快樂、開心、喜悅、成就、豐裕等感受，讓心靈感到幸福，因此我想要成功。

追根究柢，我認定的幸福並不是獲得好房與好車，而是能夠感受這些幸福的情感。但是若沒有這些外在物質的誘因，是否還能夠感受到這些情感帶來的幸福呢？如果真的懂自己的內心在想什麼，是否就更能感受到幸福呢？

我參加過一場與心靈意識相關的研討會，在那邊遇到許多成功的CEO、法官、檢察官、律師、醫生等，在我眼中，他們可說是成功的代表，卻也願意投資大筆金額學習「心靈」，這著實讓我相當驚訝。

在美國參加研討會的時候，我親眼看見超過兩千名的會議參與者認真學習的場面，他們學習去認識、理解自己的內心，學習掌握自己的內心。而透過這場研討會遇到的所有人，不僅改變了我的人生，也讓我理解到一件事情，那就是

成功的人，不只需要知識學習，更需要心靈學習，他們學習以內心的方式成就現實中的一切。

因為他們知道喚醒內心潛意識的方法，將其用於自己的事業中，才能造就年收數百萬元，甚或是數千萬元的營業額，他們理解自己內心的想法，所以能獲得更多超越想像的好點子、更有效率的工作，以及獲得更好的工作成果。

這就是潛意識給予的正面變化，潛意識持續的提供正面肯定的能量，是刻畫未來的關鍵，保持正面肯定的情緒，是將未來想像變成現實的「Mr. Key」。若要把這份心情保持下去，就需要有「願景」，透過「願景」，人們就能夠持續地夢想未來、實現夢想，保持在積極進取的狀態中。

進入冥想，把散落的心神集中起來

人人都具有無限潛能，但是大部分的人無法喚醒自己沉睡的潛能，這是因為他們疏忽了認識、理解自我內心的緣故。而心靈學習成功的人，在社會上往往就能有亮眼的成果，擁有集中力與認真投入工作的人們，也同樣會有傲人的成果。

集中力就是集中精神、專注於某件事，然而這不是一件容易的事情，集中力需要練習，若不練習，當然不可能輕易做到，平時的每一件大小事情，都可用來訓練自己集中心神。

培養集中力最有效率的方式就是冥想，冥想能夠讓人們將散落於各處的心神集中在一處，讓內心平和，獲得平靜的

人人都有無限潛能，但大部分的人無法喚醒，因為他們疏忽了理解自我內心。

效果，讓自己不因周圍的變化而動搖心志。當人的心靈越平靜，就能夠獲取更多成就。

人們常會因為被拒絕、受挫而信心動搖，因此，更需要透過冥想讓心找到平靜與安定，進而重建強大的意志力。

心靈學習是一件深奧又有趣的事，它能幫你找出從不知道的自己，以及認識真實自我之後的幸福感。如果現在的你覺得人生很辛苦，就是需要心靈學習的時刻。當心累了，只補充知識學習是無法解決問題的，要好好的檢視、閱讀自己的心，理解自己的心，與自己的心成為好朋友，這都是你能否成長的重要關鍵。

04 知識要分享共有，不要獨佔

產業化的時代，一個人如果能夠擁有許多事物的所有權，會被認定為相當優秀的人，所以每個人對於持有金錢、房子、車子、知識等所有權的意識必然相當高。但是，近來這樣的價值觀已經逐漸有所變化，房子從所有權的概念轉變成共居，汽車的所有權也變成租賃關係。擁有許多物質固然重要，但更重要的是你是否有能力好好使用自己所擁有的資產。

接觸產生行銷，分享創造經濟

享譽全球的經濟學者雷夫金（Jeremy Rifkin），於其著作《物聯網革命：共享經濟與零邊際成本社會的崛起》（The Zero Marginal Cost Society）中這樣說道：「在新一波的文化資本主義時代，『接觸』比產業活動時代的『佔有』更重要。」

現在不是強調所有權的時代，而是接觸的時代，人們雖然仍會比較物質上的擁有，但更在意經驗的累積。知識也是一樣，不是個人所有，而是要能夠共有分享。過去為了獲取知識，我們必須十分努力，現在僅需要上網輸入關鍵字，就能夠查詢到大部分的資訊。因此，比起誰擁有多少知識，這個時代重視的是誰能接觸更多知識。

許多人喜歡將知識據為己有，特別是一人企業經營者，多半不願意將自身相關的資訊公開，因為他們害怕一旦公開，他人就會仿效，自己就會因此失去領先地位。但這是相當失算的想法，因為不論如何隱藏自己所擁有的知識與資訊，總有一天還是要與這個世界共享。而且很可能已經有某個人也擁有這個知識，與其有一天發現其他人已經知道而慌張，還不如早點將資訊分享出去。換句話說，反正這個知識早晚都是要公開的，自己一個人堅守著根本沒有任何意義。

另一方面，分享能夠帶來更大的利益，不是因為做了好事，而是分享知識能達到宣傳自己的效果。

我建立了一個網路論壇，將所知道的訊息上傳，所有資料，包含影片、夢想與願景相關文字、線上課程錄音檔案、小冊子等皆免費提供。因為這樣找上我的論壇人數漸漸變多，許多活動也能夠因此而有了舉辦的機會。人們開始好奇我這個人，想與我見面，想上我的導師諮詢課程的人也變多了。我不過是免費共享資料而已，卻讓人們如此喜愛，而感謝我的人更是不在少數，這也讓我理解了「給予他人想要的，會帶給自己更多的好處」。

其實，人人都可能擁有許多自己根本用不著的知識，看過一次就不會再看的影片，不需要而丟進垃圾桶的資料也很多，這些資料藏著收著，終究也只能成為垃圾。

與其讓它們變成垃圾，還不如與眾人分享，讓這些資料發揮最大的效用，不是比較好嗎？資訊一旦分享共有，因此而獲得幫助的人們會感謝你，也能讓這項資訊繼續傳遞分享出去，幫助更多的人。

知識經過加工，才有經濟價值

資訊化的現代社會，每個人天天都會被各種資訊不斷的轟炸，並非一分享資訊，就會被他人奪去地位，反而會因為你共享了這些資訊，而讓人們找上門請教你，所以不需要恐懼。如果人們因為你的分享而跟上腳步，你也會因此再度發現新的知識資訊而繼續領先，所以不要藏著所知道的知識，而浪費可能前進的機會。

人們渴望有用的知識，將有用的知識分享給他人，會讓人們認同你的專家地位。所以可以說共享知識越多，你的自信感就會相對增加，因為那證明了對於自身領域的理解程度越來越高。

共有知識的方法也很重要，若只是隨風傳遞就沒有任何

人們因為你的分享而跟上腳步，你也會因此再度發現新的知識而繼續領先。

意義，重點是要加上一些自己的想法，將其變成更有用的資訊，**將資訊從「我」的立場變成需要這份資訊的人的立場，就會獲得經濟效益。**

Google就是將公司內部有用的資訊共享於社會而發跡，甚至還會分享公司內的會議內容，也因為他們分享出來的資訊，造就他們發想更多新點子的能力，進而使Google走向商業化，其他競爭公司至今始終跟不上Google的腳步不是嗎？而他們能夠成為資訊分享時代的領航者、這個業界的霸主，就是因為他們分享了自己知道的所有資訊所致。

資訊分享時可以發揮最大的傳遞功效，資訊傳遞越廣泛，對於整個社會的影響就越大，同時，也是人們能夠持續成長茁壯的契機。成功的人懂得分享知識資訊，將自己理解的內容分享傳遞，吸引人們來詢問，進而也達到宣傳自己的效益。

現在開始，學習將自己所知的知識分享傳遞給他人，不要只想著獨佔。當原先僅屬於你的知識裝上翅膀翱翔於世界之際，你的知名度就會跟著往高處飛，可以說是宣傳自己的最佳工具。

免費的資源，是未來獲利的口袋

世界上沒有免費的事物，但每個人其實都很喜歡，光看超市、便利商店的一加一商品如此深受消費者歡迎，就知道這是人的本性。另一個基本的人性是當人們收到禮物，就自然的想要回報，因此，善用「免費」，提供一部分資源，是

商業宣傳有效的誘因之一。

然而，免費提供並非都是商業考量，也可以是對於社會貢獻自身才能的一種方式，透過做自己喜歡的事情來協助他人、關心他人，亦能夠獲得相當的成就感和好名聲。

就我個人而言，一開始我所提供的免費課程與人生導師諮詢，就不是基於商業考量，而是希望能夠貢獻所能於這個社會。有趣的是，免費活動卻讓人們更有意願報名我的付費課程與諮詢，反倒增加我的收益。

對於我們而言，將自身的知識分享給他人，他人就會開始跟隨我們，利益也就跟著找上門。

這世界重要的事情很多，但其中最重要的就是人與人的相處。如果一心只注重短期利益，可能會造成長期的損失。

也就是若**只注意自己的利益，便無法凝聚眾人，也無法成就大事。**

免費提供自己的能力資源，是宣傳自己的方式之一，然而並非全部能力都要免費提供，**最好採取二十％免費提供，八十％屬於付費提供的經營策略。**也就是將一部分能力分享並吸引人群，以創造其他區塊更多的獲利，這也是一人企業發展的生存之路。

05 像富有的CEO一樣思考及行動

跟隨著榜樣標竿也是卓越的策略方式，無條件的「跟隨」可能會被認為是「模仿」，進而讓人產生負面印象，但是學習性的模仿不見得全然是壞事，世界級的作家阿爾貝·卡繆（Albert Camus）說過：「凡事沒有永久不滅的存在，人類總是在摸索、模仿中找到真理，模仿亦能成就偉大。」雖然這句話我無法全部認同，但是跟著成功者的腳步和做法，的確是好的策略之一。

尋找榜樣，成功的首要步驟

想要快速找到自己的位置，需要找到榜樣並學習仿效，成功的人之所以成功，都是因為他們的態度與習慣造就了他們的事業。他們擁有卓越的領導能力，也經歷過你目前正在經歷的過程，這不就代表他們已經找到了解決對策嗎？換句話說，你目前的疑惑，可以透過學習榜樣而得到解決。

因此，請找尋你的榜樣，例如向成功的CEO學習或是請求協助。這邊要注意的是，這世界上所有的學習都不會是免費的，請求學習或協助都必須支付一定的代價，有付出就會有相對的收穫、有付出才會認真學習，若沒有錢，也可以用勞動力支付。

我第一次創業的時候，就是向當時的企業家學習，那時我在一位於房地產產業中相當成功的CEO底下學習，他不願意向我收取學習費用，但要我提供我的行銷能力，也就是以協助行銷業務的方式，交換學習他的商業經營模式。這個交易對雙方而言，都具有正面的效果。

在那之後，我開始模仿他的成功模式，創立部落格、公開我的照片、舉辦研討會、出版書籍等等，樣樣都是遵照他的軌跡行動，包括模仿他的處事態度、行事作風，漸漸的我開始充滿自信。

這樣的「跟隨」讓我的人生起了相當大的變化，包含能夠站在人前自然的發表意見。因為模仿學習，讓我在短時間內有辦法處理許多事情，不僅事業，還包含我的人生態度都出現徹底的翻轉，拋棄過去容易疑神疑鬼的個性，轉而成為一位坦蕩自信的CEO。

一個人的主觀意識會隨著想法與環境而不同，這部分我們可以從史蒂芬．史匹柏的案例來理解。

史蒂芬．史匹柏夢想當一位電影導演，所以他先進入一間電影製作工作室學習，同時利用無人的倉庫貼上「史蒂芬．史匹柏導演室」的名條，模仿當時的導演所有的行動。剛開始時，人們對於他的行為充滿懷疑與困惑，而在模仿的過程中，剛好被他逮到一次製作電影的機會，他也確實掌握住這個機會，如今已成為全球電影界的典範。

筍因落籜方成竹，邁向人生的精神高峰

神經語言程式學（Neuro-Linguistic Programming，簡稱為NLP）共同開發者羅伯特．迪爾茨（Robert Dilts）闡

釋了人的「思維邏輯發展六層次」，從最高層次（Neuro logical level）依序分別為：靈性、自我意識、信念、能力、行為、環境。

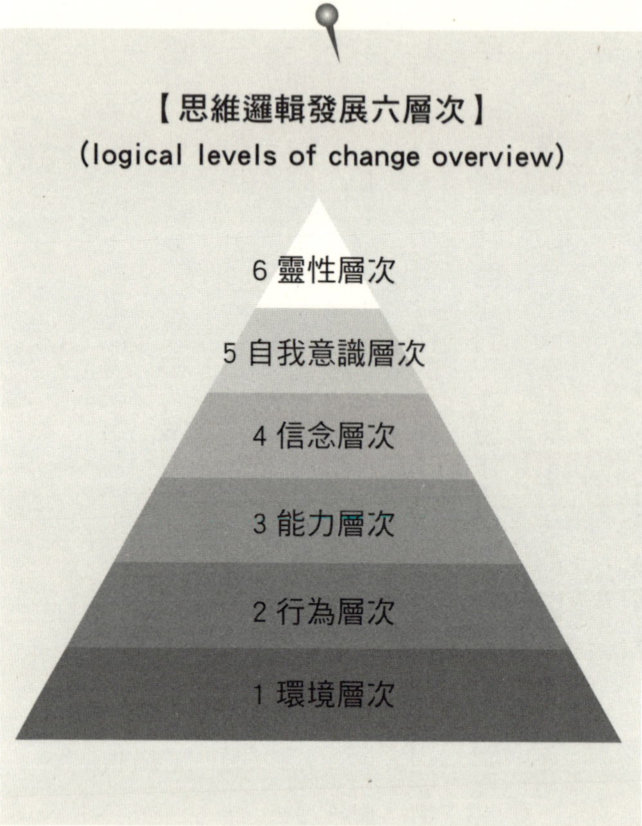

六個層次中最高層次的是靈性，而環境是最低層次；想要達到最高層次就必須先經歷往下的各個階段。例如：如果第五層次的自我意識產生變化，則必須先重新經歷從第一層次的改變，一直漸進到達第五層次。

舉例來說，假設有個乞丐突然變成國王，如同韓國電影「雙面君王」（注4）一般，一夕之間突然當上國王的乞丐，他模仿國王的動作、行為，進而漸漸認為自己就是國王，當出現「我就是國王」的自我意識時，就已經是經歷過信念的變化。因為自認為「我是國王，有權力可以下達命令」，而

注4：《雙面君王》二〇一二年九月十三日上映於韓國的古裝電影，朝鮮時期，為了逃避被毒殺的命運，光海君想出一個主意，找與自己相貌相像的平民當盾牌，兩個人互換身份十五天。

外在的行動與環境，
最終會影響內在的自我意識、信念與價值觀。

且「我具有卓越的領導能力」，所以行動就跟著有所變化，像是平時走路腳步輕盈，但為了顯示自身的地位而刻意加重腳步，說話的方式也開始轉變為嚴肅莊重。其行動的變化，讓周圍的環境也跟著變化，臣子們漸漸開始服從並敬重他。

外在的行動與環境，最終會影響內在的自我意識、信念與價值觀，而人生與工作能否給予自己成就感，其決定關鍵不就是內在的變化嗎？

身為人類相當神奇的一點就是——想法改變，就能夠讓一個人瞬間脫胎換骨、與眾不同。認為自己是笨蛋就會是笨蛋，認為自己是天才就會是天才。這說法經過科學的認證，而你，能夠自我定義嗎？

人生能夠獨自一個人一一解開的課題不多，總是要發生的時候才會知道自己無法解決，需要借重他人的知識與經驗。跟隨著前人的經驗解決問題，才能讓自己更快成功，成為和模仿標竿一樣具有熱情、坦蕩的CEO樣貌。

學習成功CEO的三項指引

指標1　選擇與自己情況相似的榜樣

一人企業在找尋榜樣時，需要找尋與自身情況相符的CEO為佳，不要妄想學習大企業的CEO。企業規模落差太大，無法有良好的學習效果。應該找尋規格相仿、領先自家公司之CEO為榜樣。在事業起始階段就開始學習，一步步地學習他的一切。

指標2　品德、品味，為夢想與人生走上正道

選定榜樣時，還要注意不要選擇一夕致富的CEO，因為這其中有多數人的人格與倫理觀念有瑕疵，向他們學習，往後可能得承受更大的問題。為了成功而走旁門左道，會陷入更大的危機，為了快速獲得成果，往往會成為惡果，就像吃太急，容易脹氣、腹瀉一樣。因此，我們需要向擁有正當人格與倫理、成熟度高的榜樣學習，才對自己有所助益。

標準3　拋棄偏見與質疑，原汁原味的模仿

要模仿學習，就要徹底地仿效，如果只學習一部分，可能會遺漏最重要的關鍵。特別是對於一些環節，若是覺得難以仿效、認為過於繁瑣而省略，很可能就會錯過該位CEO最重要的成功習慣。

要打從心底尊敬自己認定的榜樣，要相信他、跟隨他，認真的學習仿效，才能真正的獲得學習效果。如果對於模仿榜樣或指導者事事質疑、反抗，指導者也會覺得厭煩，結束對你的教導和資源。所以不如放下偏見，相信並跟隨指導者，要知道**當我們放下成見與固有觀念時，才會是真正學習的開始。**

第五章

瘋狂奮鬥是為了生存——鬥志

01 創業，就是要賺錢

一人企業經營的每一天，都要克服每一樣可能發生的危機，一天一天的存活下來。而上班族因為有固定的月薪收入，不需太過於擔心事情做得好或不好。兩者的差異在於企業經營者的每一個決定，都是企業能否存活的關鍵。而成為企業家就是要讓企業生存，生存就是要能賺錢，畢竟創業的目標之一就是為了賺錢。

然而我們會發現，周圍不少創業家雖然非常忙碌，但是多數都屬於沒有賺到錢的創業，這是相當令人惋惜的結果。既然認真工作就應該要有成果。而包含一人企業在內的所有企業，具體成果就是營收，賺錢是最主要的目的。現實生活中，從未有企業會將賺錢擺在第二順位。

要愛錢，才能賺到錢

我們生活在資本主義社會中，錢就是生存的基本要件，不要說錢不重要、也不要否定「有錢就會幸福」這句話。帶著看輕金錢的心態不僅不會變有錢，還可能會越來越貧窮。所以，從現在開始，不要把錢當成市儈的事，賺錢是相當重要的工作之一。

事實上，我也有過覺得賺錢不重要的時期，當時我創了業，卻沒有想要賺錢，而是想做好的事、對的事，所以，我免費或僅收取少許費用就提供人們人生諮詢服務，換算下來

帶著看輕金錢的心態不僅不會變有錢，
還可能會越來越貧窮。

常常只是一杯咖啡的代價。當然，這樣的諮詢對我而言還是有成就感，但是存款卻漸漸探底，請我協助人生諮詢的人找到了他們的幸福，而我的人生卻陷入生存困頓中，每天都在煩惱三餐在哪裡。這樣的情況，其實並非賺錢的好模式，再這樣下去我就會餓死，我覺悟到不可以再這樣下去。

就在那個時候，我開始將賺錢擺放在優先順位的最前面，我認為自己所提供的人生諮詢確實對人有助益，應是一件有價值的工作，所以，收取費用、提供服務是應該的。也就是提供不同人不同的商品或是服務，進而賺取金錢，是再自然不過的事情。

從那天起，我向來諮詢的人收取費用，從數百元的諮商費用做起，一開始很難開口向來諮商的人提及要收費這件事情，但是來諮詢者卻很爽快地給予諮詢費用，並且說：「這比想像中便宜。」

這對我來說是相當大的震撼，當我正在煩惱該不該收費時，來諮詢者卻認為我收取的費用比想像的少，他們當然很樂意支付。也正因為如此，我漸漸有了自信心，也將我的人生導師諮詢費用逐步提高，研討會也從免費參加改成需要付費參加，而人們不僅沒有退縮，依然持續上門找我諮詢。

每一位創業者多半都帶著美好的宗旨與理想，開啟了他的創業之路，但是如果過了一段時間，收入不豐的情況下，就只剩下美麗的理想，而行動漸緩，當初帶著政府補助金或是投資人投資金開始的事業，也會因為無法持續生存，最後只好關門大吉。

為了存活，更要做夢

生存不是一件容易的事情，這個社會變化莫測，在這種詭譎多變的局勢下，一人企業更需要擁有精準的判斷力與執行力，才可能賺得到錢。時代在變化，趨勢也一天天不同，一時的緩速甚或是猶豫，都會讓創新的點子瞬間變成過期古董，所以若有任何想法，就必須立刻將其轉為實際行動。

有一位來諮商的朋友想離開原本的公司自己創業，卻擔心創業後馬上要煩惱怎麼賺到錢。設立公司之後才想能否賺錢、能否生存，這其實是不對的做法。這些壓力應該在創業之前先處理好，一旦公司設立後，就要努力於存活才對，要想著該如何販賣商品或服務，進而從中獲利。若先成立了公司才擔心後續的資金，很容易因此分心而招致失敗。

當場就要餓死了，有夢想又有什麼用呢？就算是因為夢想而展開的工作，一旦正式開始，就該將生存放在第一順位，必須為了生存而努力實踐夢想。如果自己想做的工作無法馬上賺到錢，可以去打工賺取所需之生活費用。此時可能要降低原先的生活水準，若是需要負擔家計或是繳付貸款的人，事前要準備一百萬韓圜左右的生活費用，必須要有應付基本生活的金錢，才能有繼續挑戰夢想的能量與機會。

美國科幻動作電影「明日邊界」中，男主角湯姆·克魯斯不僅不會使用武器，更不會搏鬥技巧，但卻被丟進需要使用武器、要會搏鬥的環境中，理所當然他會死在戰場中。神奇的是他卻能不斷的起死回生，重新回到戰鬥的起點，再次參戰，然後又再度死於戰場中。

在他不斷死亡、復活的過程中，漸漸熟悉戰鬥技巧，以及如何靈活的使用武器，這正說明反覆的練習與實戰經驗，確實能夠訓練出優秀的士兵，最終贏得戰爭，成為英雄。

企業的經營也同樣是賭上生存的戰爭，每一刻都有戰事，雖然恐懼失敗，但生命總是強韌的，特別是一人企業的重生並不困難，失敗一次並非真的失敗，失敗反而會是成功的養分，等到再次挑戰的時候，就會是成功的墊腳石。

生存需要經歷許多苦痛，逃避沒有任何意義，人類本來就要為了生存而在這個世界上努力奮鬥，一生都要為了生存而努力不懈，怎能不充分準備，勇敢挑戰，並好好的享受這個過程呢？

02 賭上生存的奮鬥

過去我是做什麼事情都馬馬虎虎、得過且過的個性，對於不太想做的事，或是認為不重要的事很容易放棄，什麼事都不會堅持到最後，只想著做到與別人差不多的程度就好。

而這樣的想法與習慣，曾經是我職場生活最大的絆腳石。

天底下沒有不重要的事情

新人階段時，我負責文件資料整理，當時對於這個工作項目相當不以為意，也感到十分不滿，所以就看著他人怎麼

做，隨隨便便地應付這份文書資料整理的工作，主管看到後生氣的罵：「要做就好好的做，不想做就乾脆不要做！」

被罵了之後，我心想我不就是跟著大家的方式做嗎？為什麼主管要生氣？我到底做錯了什麼？為什麼主管要這樣罵我？

主管把我叫上屋頂，語重心長的說：「很抱歉對你發火，但是我想給你一句忠告，希望你經手的所有事情，都能做到讓他人驚嘆的程度。這世界沒有大事、小事之分，所有事情都必須做到最好、做到最後。當你漸漸養成這個習慣，所有的事情就能夠迎刃而解。我認為你有卓越的能力，不希望你的能力白白浪費，才會對你這樣嚴厲。」

主管的那段話像鐵鎚一樣重重敲醒了我，讓我知道自己的行為是多麼的幼稚不懂事。

這件事情徹底改變了我處事的方式，就連複印文件都仔細的確認，資料整理也開始有條理的進行，會議紀錄會依順序整理歸檔，每個小細節都不放過。因此主管漸漸開始相信我，並交辦我重要的任務，從會議準備、會議進行程序一直到讓我指揮重要的活動計畫。主管對我說：「現在終於是會做事的人了，早點這樣做不是很好嗎？現在我可以相信你了，能夠交代你做重要的業務！」我因為主管的一番話改變了工作態度，也獲得了工作上的滿足與成就感。

沒有人會只因為你有能力，就交付重要的待辦事項給你，如果想當一位重要的員工，就必須先讓人看見你不僅有完成的能力，而且能持之以恆。所以**不論是多小的事情，都**

要當成重要的事情認真的去執行、去完成。

複製成功者的處事模式

前面所提及成功企業家的案例也明白指出，不論任何事都要當成重要的事去完成，養成習慣之後，在創業的道路上就能熟悉的運用這個習慣，像是準備研討會的時候認真分析參與者的情況，思考該如何回應他們可能提出的詢問。參與研討會的人多半想學習專業的訣竅與操作性的技巧，所以，除了知識的傳遞，若再準備能直接體驗的方式，就能讓參加者彼此有更多的互動機會。辦活動亦需要思考該如何做，才能讓整個流程順利且精彩的進行。

為了提高活動參與率，起頭階段要善用娛樂要素、中間

需要引導團體合作、結尾階段需要強化個人參與，如此才會有熱烈的反應。能讓與會者感到開心滿意，他也會告訴別人有這樣的活動，並推薦朋友來參與你所舉辦的研討會。

經過一段時間之後，我透過閱讀的書籍瞭解到我這樣的處事模式是對的，已經與成功者站在同一位階上了。成功者連小事都會用心認真的完成，因為他們知道若因為小事就隨便做，可能因此讓過失找到空隙鑽進來，或許後續會引起更大的問題。因此，小事仔細確切地完成，養成確實的處事態度，當大事交辦的時候，就能一步步踏實細心的完成進度，最終才會有好的成果。

許多人會說「能負責大事的人是運氣好」，當然，我們也不能排除這個可能，畢竟現實生活中，運氣確實沒有給予

常常思考該如何完成小事，才有可能在機會來臨時，確實掌握做大事的機會。

每個人相同的機會。但是，即使因為家世背景或時機運氣好而握有權柄的人，他們的成功也不能說是完全靠運氣，其中有些人有辦法一步步地完成公司目標，必然有自己的一套方法和能力。所以不要輕易低估他人，在自己的幸運來臨前，要先做足最好的能力準備。

小事做好，大事才能做好

人們都想要做大事，但我們也知道，一個人小事能做好，大事才會有能力做好。因此，需要常常思考該如何完成小事，這樣才有可能在機會來臨時，能夠確實掌握做大事的機會。

或許你會認為有些事情相當瑣碎，但卻也可能是你意想不到的重要關鍵。只要認為這件事情可能對這個社會有幫助，或是有助於自己的願景目標往好的方向發展時，就以正面的心態來做事，結果必能有一百八十度的轉變。

學會在小事上盡情地發揮自身的能力，不論什麼事情都可以找到樂趣，如此大事小事都投入去做，才能隨時集中心力，動腦思考做事的方法，累積做事的經驗。

現在的你，是否也專注在工作上呢？對小事是否也認真努力的去完成呢？如果沒有，要不要趁現在做出一些改變？從小事起頭，必定能夠拿到做大事的機會。

03 敵人不在外，在內心

人們都會認為，資源不足就難以成功。但是資源不足是否真的是影響成功的關鍵呢？認真想想，成功者的成功模式，反而經常是因為資源不足而迫使自己成長；什麼都擁有的人，反而成長的機會遠不如什麼都沒有的人。尤其許多實例發現，這些成功者所受的教育遠少於富有之人，然而，這樣的條件為什麼會成功呢？讓我們來一探究竟。

資源匱乏，造就史上最偉大的征服者

歷史上擁有最寬廣疆土的領導人成吉思汗這樣說過：

「不要怪罪於家境，我九歲的時候失去父親，還被村人趕出村莊。不要說貧窮，我曾經以老鼠果腹過。我賭上生命在戰場上爭戰殺敵，這是我該做的事情，也是我唯一能做的事情。不要以為沒有讀過書就沒有力量，我連自己的名字都不會寫，但是我願意認真聽人說話，學習他人的長處。

「不要因為前途茫茫而放棄，我多次被刀架在脖子上，卻還是逃了出來，也曾經被火箭傷到骨頭，也還是存活下來了。**真正的敵人不在外，而是在內心。**我承受了所有苦難，也克服了一切，才能成就現在的我，我就是成吉思汗。」

若要說誰最有資格怨恨大環境，那成吉思汗絕對是最有資格的人，但是他並不怨恨大環境，過去的貧乏歲月，反而成為他人生最大的原動力，也是他成長的契機，不但喚醒他沉睡的潛能，也讓他成為歷史上最偉大的征服者。

我們所熟知擁有偉大成就的人，大部分都是窮困出身，他們因為資源缺乏或是根本沒有物資，所以能夠引發想要獲得什麼的欲望，而這欲望就會是行動的原動力。反之，一個什麼都擁有的人，他還會想要再得到些什麼呢？通常他會想：我並不需要做什麼，我已經擁有許多東西，不必絞盡腦汁展示自己的能力。自然他也不會有學習的動力。

覺得自己缺乏、缺少什麼時，會帶來「想擁有」的無限渴望。所以當發現自己缺乏什麼時，就是一種信號，代表行動的時候到了，認真地發揮自己實力的時間到了！為了健康開始運動、為了賺錢開始工作、為了不足的知識認真學習，缺乏、不足真的是一項讓自己更加成長、卓越的動力。

這個世界的生存法則與遊戲世界有異曲同工之妙，凡事都需要從第一步開始，如果已經擁有許多寶物的話，就不會覺得遊戲具有挑戰性，一定要缺少些什麼、需要些什麼、渴望擁有什麼的想法，為了渴望而認真玩遊戲，一關關突破之下，才能感受到遊戲的樂趣不是嗎？而**人生的樂趣就像玩遊戲一樣，慢慢地填補不足之處，找到自己想要的寶物。**

別被自己的弱點打趴

「我真的是笨蛋，什麼都做不好！」

有一位諮詢者在諮詢的過程中這樣對我說，這位諮詢者在中小企業擔任會計工作，因為業務內容常常出錯、不夠細心而被責罵，也對自己喪失了自信心。

「您有想過自己做什麼事情比他人厲害嗎？」針對我的這個提問，他一開始說不知道，但在我不斷的詢問之下，他開始認真的思考，之後回覆我說他的運動神經很好，目前正在學習有氧運動，當一起學習的同學有不會的地方，他都有能力去教導同學。

這位諮詢者過去不知道自己的強項為何，只想著自己做不好的工作，想著自己不夠細心、數學能力不好，滿腦子只想著要快點克服這些他不在行、頭痛的事情。然而在運動的課堂上，他卻相當積極，學習有氧運動時眼睛炯炯有神，展現積極的學習欲望，特別是團體運動的場合更是表現亮眼，是位積極進取的人，同時，也有能力協助需要幫助的人。

經過引導，他意識到自己的優勢，尤其運動神經與韻律感都很棒，也能沉浸在與他人一同運動的喜悅中，因此，他決定要專注於運動這個項目，並且邊工作邊認真的學習有氧運動，考取講師資格。現在他已是位有氧運動老師，再也不會因為較不在行的會計業務而充滿壓力。

他表示人生到目前為止，第一次感受到幸福的工作是什麼。集中於運動教學的他充滿活力，因為他學習的速度比他人快又優秀，老師教過一次就能夠馬上學會，所以，成為有氧運動老師可說是易如反掌，而現在的他正認真的開發一套更適合自己的教學方法，準備新的運動課程。

火力全開贏在強項

許多人都非常在乎自己的弱點，這可能與我們從小所受的教育方式有關。韓國的父母與老師都希望孩子們全科全能的發展，所以會針對較弱的科目進行特別輔導。但是讓孩子專注於較不在行的科目時，孩子無法感受到自己優越的能力在哪裡，不僅容易喪失自信，也容易失去挑戰的欲望。沒有欲望、沒有自信，就會無法認真學習吸收所有的科目。再加上父母或老師喜歡在眾人面前指責孩子的不是、指責孩子不念書，也會讓孩子更沒有信心。最嚴重的是，這同時也會消耗掉孩子投入擅長科目的時間，最終導致所有科目都出現問題。

如果改變一下策略，讓孩子集中在強項科目會如何呢？自己有信心的科目會讓孩子更有成就感，也會產生想要更好、更厲害的欲望。而孩子一旦用心就會突飛猛進，成果也會讓我們刮目相看。

人們努力用心卻沒有獲得相對的成果時，容易喪失信心、充滿挫折感，所以執行一人企業的中途，不可避免的需要有些微成果出現才行，而當集中於自己的強項時，其成果就會相當可觀；若設定目標錯誤，集中在自己的弱點上，就會更容易失望、放棄計畫。

不論是足球、棒球、籃球，與其各項表現都與他人差不多，倒不如集中於一項認真練習，而能夠獲得第一名不是更好嗎？這世界多半關注厲害的人，而這些找到自我優勢的人，也都能夠擁有相對的富裕與名聲。

一人企業也是如此，與他人一樣上多益課程、學外國語言、上許許多多證照課程並無法突破個人長才，因為在這些領

不要想著學習原本就不具備的能力，
要找出強項並茁壯自己在行的項目。

域中高手已太多，相對之下無法嶄露頭角、擁有突出的成果。

因此，不要因為大家都這樣做就跟著做，把那個時間省下來去挖掘自己的強項；不要想著去學習自己原本就不具備的能力，要找出自己的強項並培養、茁壯自己在行的項目，只有這樣，人們才會認同你的專業，並且願意信任你。一人企業的競爭力就是來自於個人的強項，人不用做到毫無缺點，只要有一項特殊強項的話，成功就指日可待。

找尋自身優勢的方法

方法1　找出學習速度最快的領域

人們在做自己擅長的事情時，就像打開了腦中的某種開關似的，與做一般事情或是不在行的事情時不同，從一開始就會像光速一樣快速進行。因此，我們可以從自己學習速度較快的經驗中，找尋到自己的強項。

自我提問：什麼事情我最快

Q1 我有什麼領域比他人學得快速？

Q2 我學習什麼項目時，會覺得比他人更容易上手？

方法2　回顧具體的光榮事蹟

要獲得成功，得充分展現自己的優點，擁有成功經驗的人，是因為發展了自己的強項。所以，要透過成功經驗來發掘自己的強項。

自我提問：哪些事情我最強

Q1 印象中自己曾經成功的光榮事蹟有什麼？

Q2 過去的光榮事蹟中展現了自己的哪些強項？

04 生存的核心武器就是「盈利能力」

人們在創業的時候，都會誤以為客戶一定會自己找上門來買自家的產品，那是因為人們普遍都認為自家的產品有其價值。但是，客戶根本就不會這樣想，如果不是客戶想要或是認為重要的產品，是不可能會掏錢購買的。如果帶著「總有一天會有人來買」的想法，就無法創造出忠實的客戶，進而走向慘澹和失敗的下場。其實這種情況在一人企業十分常見，要突破這類危機的最佳武器，就是「業務能力」。

業務力是一種天賦

一人企業剛起步時最弱的一部分，通常就是積極推銷自己和產品的「業務能力」。無法說出自己的優點為何、自家的產品為什麼好的人，就如同沒有進球能力的前鋒一樣，不論他擁有多少進球的機會，重點是要確實進球才會得分、才能勝利不是嗎？

企業活動也是一樣，**不論擁有多好的商品與服務，如果無法傳遞給目標客戶知道，是無法創造任何收入的。**這個過程非常重要，卻常常被忽略或是被過度強調。人們對於宣傳自己以及類似的業務行為，或多或少都會有排斥感，特別是韓國人的個性上，不願意讓人感覺他「窮困、可憐」。

提到「業務」一詞，人們總是會覺得很有壓力，我曾經也是這樣。我們多半都認為業務要活潑、外向、積極、具有社交能力，才能夠說服他人購買產品，但是業務其實是平行概念，可以客觀的定義為「為了獲得一定的利益而說服他人的過程」，而非低姿態的乞求。就像是小寶寶因為肚子餓而嚎啕大哭、想討食物的過程一樣，我們一出生就已經具有類似的業務行為模式了，業務行為是相當自然的人類活動之一，與生存一樣重要的天生本領。

業務必須要能創造獲益，才能有錢為下一個階段做準備。再者，業務也是將自我想法實踐的過程，若省略這個過程，絕對無法讓自己的事業長長久久。因此，請拋棄「業務是為了賺錢而跟客戶哭窮」的固有觀念。

銷售是詮釋價值，不是討飯吃

業務做得好的人，不會認為業務行為只是為了賺錢，他們清楚地知道與理解業務的意義為何，也會認真地做好業務工作。業務的工作就是傳遞好的、有價值的商品給人們，是一件重要且具有意義的工作。

當我拋棄「業務員就是意圖讓他人覺得可憐、覺得同情而賺到錢的人」的想法之後，也一層層的解開我事業的結，認真思考過後，我有了新的觀念——我又不是販賣麻藥毒品等非法物品，而是要提供人們優良的人生導師諮詢課程服務，協助諮詢者找到他們的夢想並認真實踐，讓他們能夠過著自己夢想中的生活，這是一件相當具有價值的服務。所以，宣傳這樣正向良好的服務內容，並不是讓人感到負擔的事情，也不是一件錯誤的事情，反而是對人們有幫助的，是正確的行為。

當我一改原先的偏見之後，自信感也逐漸增加，確實知道該如何說明給諮詢者聽，也知道我所提供的服務不是強迫推銷，而是要讓諮詢者充分理解這份人生導師諮詢的價值。充分理解價值的諮詢者，就會願意給付對等的價錢，而同時找上門來諮詢的人也就會越來越多。

托諮詢者的福，我能夠有更多的機會知道諮詢者的夢想與實踐之間的異同，也能持續增進我的諮詢能力。這也真的不是強迫推銷，不需要透過跟人哭窮的方式，而是讓諮詢者知道我所提供的商品與服務對他有正面的影響，是一項具有改變其人生價值的服務。

以這樣的觀念去思考業務行為，就能讓自己獲得更大的力量。**請努力培養給予這個世界正面能量與影響的業務能力，讓你所擁有的能力與價值都能夠傳遞給需要的人。**這樣不論是對自己、對客戶、對這個世界都是好消息。

提升業務能力的三個要訣

要訣1　少回答，多提問

有些業務認為，最重要的工作就是要說明自家產品的優點，但其實僅僅說明產品的好，可能會讓客戶失去想購買的欲望，因為只說明產品的優點，會讓客戶覺得和自己並無關連。

想要說服客戶，不是要盡力說明產品的好，而是要提問才對。提問才能讓客戶表達自己的需求是什麼，以便更準確

想要說服客户，不是要盡力說明產品的好，而是要提問。

的說服對方購買。再者，要讓客戶自己說出為什麼需要這樣的產品，人們多半都是信任自己多過於信任他人，因此讓客戶思考並下決定的這個過程，是相當重要的一環。

引導客戶必問的關鍵業務句型

Q1 您想解決什麼問題呢？

Q2 為了解決問題，您嘗試過什麼方法呢？

Q3 如果要解決這個問題，您覺得這個產品如何呢？

Q4 如果能夠解決這個問題的話，會有什麼效果產生呢？

要訣2　不要強調性能，而要強調感性的收穫

「這台筆電搭載 Intel Core i5、記憶體容量為四GB、螢幕為十三吋、重約一．一六公斤，重點是運轉速度又比其他筆電快」諸如此類的說明，喜歡強調產品性能的業務非常

多，但是客戶往往對於這類的說明沒有興趣，因為買筆電的人多半不只是在乎性能，也會注重攜帶是否方便、設計感如何。所以**進行業務行為時，請務必以客戶的立場思考。**

人們購買商品的時候，多半都會用感性的一面決定，若是理解客戶心理的業務就會這樣說明：「帶著這台筆電到咖啡廳一坐下，人們都會不禁注視著您，有品味的人士可能還會主動上前與您談話，而且這台筆電輕巧易攜帶，隨時都可以帶著出門旅行，坐在夕陽西下的海邊，那樣不知道有多美。如果您想找尋能夠提高自身的價值、可以陪伴您累積多種經驗的筆電，這台絕對是您的最佳選擇。」

找出客戶可能想要的商品，讓客戶知道他能夠藉此產品獲得滿足感與成就感，這就是業務最基本的角色。

要訣3　客戶不是無條件都是甲方

初階業務最常犯的錯誤之一，就是將客戶奉為至尊的觀念，於是乎就會卑躬屈膝的拜託客戶。但是一人企業則不同，你應該要知道你需要傳遞「協助、幫助客戶」的訊息，讓客戶覺得如果不使用這項產品或服務，會是他的損失，也就是要與客戶站在同一個立場思考。千萬不要卑躬屈膝，就像醫生不會對患者彎腰鞠躬一樣，一定要讓客戶看到你的專業能力。

不要急著找客戶，要找出方法讓客戶願意主動找上你。許多業務都認為要多去拜訪、多讓客戶可憐一下自己，但其實讓客戶主動找上門，正面的影響會比較大。人只要認為有助益的事情，不論多遠都會不辭千里找上門，我的客戶中就有許多人是遠道而來的。他們不會無端耗費時間與金錢過來，一定是有所求、有所重視，才會從外地來到我所在之處。客戶既然願意找上門，那我就一定要提供相當價值的產品或服務。這一點請千萬要謹記在心。

05 創意聚落，專家與成功的聯結

被視為自我開發書籍始祖《成功法則》的作者拿破侖・希爾（Napoleon Hill）曾經採訪過當代鋼鐵大王安德魯・卡內基（Andrew Carnegie），詢問他認為自己成功的原因，卡內基認為第一個原因就在於「創意聚落」。開創事業需要與多位創業家、專家聚會討論，共同分享自己所持有的資訊，這才是成功創業的關鍵因素。

創意聚落的組成形式，通常是具有同樣目標的幾個人一同共享知識與努力的聚會。亨利・福特（Henry Ford）可說是這類創意聚落中數一數二的成功代表，他出身貧困，也沒有受過太多教育，但是他創業不到二十五年就成為美國富豪之一，他成功的因素當然是因為具有耐心、意志、堅毅、熱情，但我們還漏掉最重要的一環，那就是與發明家愛迪生的相遇。認識愛迪生之後，福特的事業擴展相當迅速，他們常常討論相關的事業議題，互相交換意見，也提供彼此好的提議與回饋。之後福特也持續認識不同的人，一同組成「創業聚落」，分享共有資訊與事業的相關議題。

超越界線，不再一個人

一人企業有許多事情都必須獨自完成，而這樣忙碌的工作環境下，容易忽略人際關係的經營，也容易孤單一人奮鬥。再者，一個人經營也常常會感受到不同程度、無法突破的盲點，所以必須要有突破盲點的對策。

當事業點子或是相關知識無法突破時，需要透過與人們的談話溝通，才有可能找到自己的盲點。除了性質相近的同領域專家，我們也可以與不同領域、不同目標的人分享自己所知道的資訊與知識，以正向思考的能量、渴望成功的熱情，互相支援、協助彼此成功。擁有這樣的創意聚落，可說是一人企業彼此支持的最大力量，也是走向成功的關鍵要素。

同樣具有熱情的人齊聚一堂，所集合的能量就會不同於單一人，更具有活力與自信，也就是說與多種不同風格的人聚會討論，會讓自己發掘更多積極正面的勇氣。而那正面積極的勇氣也會互相感染，帶動各自的發展與成長。

《自私的基因》（The selfish Gene）作者理查・道金斯（Richard Dawkins）為英國皇家學會暨文學會會員，他於書中提到基因不只遺傳給血緣親人，還會傳播至同一文化圈，稱為迷因（Meme）。例如藝術、語言、歌曲、儀式、習俗等文化，意識會像傳播病毒一樣從一個大腦到另一個大腦，所以最重要的是認識誰。有積極能量和知識的人，他們的信念與態度會透過想法一致彼此交換。

透過一層層良好的人際關係，我們可以獲得更多、更正向肯定的能量、知識、資訊、態度、文化。如果認為自己很厲害而輕視他人的話，就會將自己孤立於現代社會中，為自己帶來莫大的危機。因為自我孤立無法向周邊求援、無法獲得最新的資訊，只能自己想辦法解決，視野和觀點必然狹隘。再者，因為沒有共有分享的概念，所以人們不會追隨自我孤立的人，結果只會導致失敗。

沒有人可以獨自成功

鋼鐵大王安德魯．卡內基說過這段話：「沒有人能夠僅靠自己一個人就成為富豪，如果你想要成功，請先學會與他人分享你的能力、熱情、希望、願景，幫助你周圍的人成功，這樣他人也會願意提供分享他們的能力。當我用心地幫助他人成功時，就代表著又多了一個人能夠協助我成功。因此，如果想要有人協助你成功，就要先為他人的成功而努力不懈。這樣彼此都能成為對方的『協力者』，才能形成更大的力量，發展更大的實力。」

這段話主要是說明互助合作的重要性，這個世界沒有人能夠獨自成功，能否聯合眾人之力，才是最重要的關鍵。只有與一群願意一同堅持到底的人有交流的機會，才能夠獲得更多成長茁壯的機會。

相對的，記得要遠離那些喜歡離群索居、不誠實的人，以及只想著自身利益、不願意遵守約定之人。跟他們在一起，往往都會有負面影響。

組成一個有力量的創意聚落

重點1　集結對成功有熱切渴望且誠實的人

組織聚落的成員，必須要找對於成功有熱切渴望，且能夠自我管理之人，不會缺席任何一場聚會，認為每一場聚會

當用心地幫助他人成功時，
就代表著又多了一個人能夠協助我成功。

都很重要，這樣的人才會願意嚴謹看待聚會，並持續參與聚會。當然，那些成員亦需要具有基本的能量、擁有成功的特質才行。

重點 2　最佳成員人數為六到八人

聚會人數不宜過多、也不宜過少，若要能夠充分對話、分享，大約六到八位為最佳。如果中途有一兩個人無法出席，也能夠持續召開聚落聚會，若是聚落成員人數過多，可能會有會議時間拉長、耗時等問題。因此，需要確實控制聚落人數。

重點 3　時間統一 設定發表與對話規則

沒有規則地隨意分享，只會浪費彼此的時間，因此要設定各自分享的時間。例如一個人用五分鐘左右分享過去一週的工作情況，時間一到就將發言權交給下一個人。這樣進行的方式，才能夠在時間內有效率地互相分享、討論資訊。

重點4　互相分享各自目標

創意聚落的成員必須分享每個人各自的目標為何，像是「本週營業額目標為三十萬，為了達成這個目標，我這週要發出一百張名片」。類似這樣的具體目標以及計畫，讓聚落的人清楚知道你的執行方法，才能提供建議與回饋。透過這樣的互相分享、互相提供建議和支援，就能提高執行率。

第六章

01 絕望，轉動潛能的最大一把鑰匙
02 突破年齡、學歷、人脈的限制
03 以才滾財，沒錢還是能做很多事
04 擬定征戰的必勝計畫

遇到瓶頸時，
改變命運的工具——突破

01 絕望，轉動潛能的最大一把鑰匙

我在正式展開一人企業之後，確實有想過自己可能會餓死這件事情。然而，當時的我更在意面子問題，十分害怕他人異樣的眼光，所以並沒有把心放在賺錢這個項目中。直到生存出現威脅的那一刻，我改變了想法，都要餓死了還在意什麼面子，而且，如果死了，別說是實現夢想，連嘗試的機會都會消失了，不是嗎？

我改變了對於錢的看法。在那之前，我覺得錢是身外之物，一點都不重要。但是當生存出現威脅之後，我就不這麼想了。錢很重要，是維持生命的必須品，而我想要達成的夢

想，也必須要有錢才能夠持續進行。因此，為了生存，我展現出過往未曾出現的潛在能力。

就在我面臨生存絕望的同時，也強烈的體會到必須想盡辦法生存才行，於是我本能的展現出堅毅剛強的模樣，開始積極的向他人推薦我的人生導師諮詢課程，當然也會提及費用。

令人訝異的是，當我改變做法之後，與人們的關係反而拉近不少，原本我以為當積極推銷我的商品或服務時，人們都會遠離，然而，最終卻拉近了我與諮詢者的距離，主動找上門的人也增加不少。這時，我領悟到過去就是缺乏「絕望感」，才會讓自己走到瀕臨危機的情況。

破蛹而出，別被膽怯推入困境

人們在面臨生存危機的當下，是最絕望的時刻，然而，就算是喊著想死的人，突然面臨死亡威脅的那一刻，也會下意識的想要活下來，這就是人類。

當困境帶來絕望時，自然就會引爆人類求生存的無限潛能。因此，若想要陷入絕望困境，就必須遠離安穩、熟悉的環境，才可能真正的感受到生存受到威脅，也就是要讓自己開始煩惱收入在哪裡、煩惱要如何賺錢才能過日子的情況下，人才會認真地找尋賺錢的方法，並認真的去執行，也才會知道自己的界限在哪裡，並藉此引導出自己的潛在能力，諸如有勇氣去找尋僅有一面之緣或是未曾謀面之人，詢問問題解決之良策、從未遇過的事情也敢勇於嘗試、讓自己的行動力快於思考等等。除了主動的製造各種人際交流，**在機會找上自己的同時，還要不斷的從機會中找到更多新的點子。**

另一個被絕望感推入困境的方法，就是賭上自己的名譽，當事關自己的名譽時，人們會恐懼讓他人失望，或是違背承諾就會喪失好不容易累積出來的名譽，所以無論如何都會努力用心做到信守承諾。因此，多數人們亦會選擇公開提出他們的承諾，以加強創業的決心。

然而，若要使用這個方式，就必須將情況引導至非遵守約定不可的狀態，或許這個方式不如生存受到威脅來得急迫，但也是個堪稱有效的方法。要創業的話，不論是從事哪個領域、預備何時開始，都需要做出具體的宣言，讓家人、朋友、親友、同事周知，讓自己處於不得不做，如果不做就

當困境帶來絕望時，
自然就會引爆人類求生存的無限潛能。

會非常丟臉的情況，就能迫使自己拚了命也要認真執行，以達成自己的宣言和約定。

如同前述，只有處於絕望的情況下，才能夠引發人們的無限潛能。那這麼多年以來，你是否因為過得安逸，而放任潛能逐漸消失呢？是否企圖挖掘出自己的潛能，讓潛能成為成功的槓桿呢？難道你不想施展自己從未展現過的無限潛能嗎？嘗試著將自己放進絕望的情境中，或許，你就能夠感受到平時所無法體會到的感動瞬間。

02 突破年齡、學歷、人脈的限制

什麼時候開始，比現在幾歲更重要

「我年紀太大了所以不行，哪個公司會願意用我這個年紀的人？」說出這句話的諮詢者，並不是準備退休的五十歲人士，而是一位才二十六歲的年輕人。對我而言這句話其實相當莫名，畢竟二十幾歲還相當年輕，是個可以衝刺的年紀不是嗎？但他卻如此害怕，擔心因為年紀大了而什麼都無法做而恐懼不已。

我大膽地說，年齡不是重點，而是現在的你什麼時候想

開始做才是重點。如果害怕年紀大，就請你務必在變得更老之前快點開始做。及早開始累積專業年資，比擔心一年年老去來得更重要。

現在這個年紀、這個時間點，相對於剩下的人生還是屬於年輕階段，不是嗎？如果放任時間一點一滴過去，就更難開始做些什麼了。所以，若有想做的事情，請現在就開始去做！

超越學歷文憑的突出條件

除了年齡之外，學歷與文憑也是諮詢者苦惱的原因之一，對於這些諮詢者，我舉出近來深受愛戴的白種元廚師的例子就很明白了，白廚師不論是韓式、中式、日式料理都有相當卓越的表現，參與許多電視台料理節目，還擔任各項料理比賽的評審工作。但其實白廚師並沒有取得韓食料理廚師的資格，他只是單純地研究各種料理、思考著如何做出好吃的料理，進而成為人人信任的專家。

如同上述舉例，**資格證照並不如我們想像的萬能，重要的是要將自己的實力展現給人們看見。**在韓國，人人都認為要成功，就要先有傲人的學歷。但就我看過成功的一人企業中，多半學歷都不是相當亮眼，也有人僅是高中畢業。

不論是在公司上班，或是已經開始一人企業的人，通常只要個人認為有需要、還想要再進修，就可以申請就讀研究所，在韓國念研究所最少要兩年的時間，以及兩千萬韓圜左右的學費，但是其實研究所畢業之後仍不知道能做什麼的人居多。即使拿到研究所畢業證書，也不會讓薪資馬上提升一

請擺脫對於學歷與文憑的想像與依賴，
找尋自己擅長的領域。

個等級，或是讓自己找到一份工作機會，不過就是多念個學位罷了。

但是若有策略跟想法就不同了，走他人不想走的路，反而會讓自己更有競爭力。目前韓國整體社會重視的是學歷跟文憑，但若能因為與他人走不同的路而成功，不也能夠輕易的找到屬於自己的位置嗎？這不是件多困難的事情，只要像考多益一般的努力就可以了，況且，與其都要努力，還不如找一條他人都不走的路，成功的機會還比較大一點。

我們生活在過度重視學歷與文憑的社會，從夾縫中找尋自己的位置相對重要。所以，請擺脫對於學歷與文憑的想像與依賴，找尋自己擅長的領域。這同時也是一人企業需要確立的方向。

03 以才滾財，沒錢還是能做很多事

看著諮詢者，我總會想到「沒有錢就什麼都無法做」這句話，所以我曾經認真地思考檢討過「沒有錢不能做什麼事情」，但結論是，人總是要先知道自己要做的是什麼，才能夠判斷錢到底夠不夠用。

在事業剛開始的時候，我也覺得錢應該不夠，可能需要很多很多的錢。但是仔細思索並認真檢視過後，我發現我想要做的事業並不需要花太多費用。只要到有網路的咖啡廳上傳資料就不需要花錢。而演講呢？只需要煩惱場地費用就可以了，而且，我是收費式的演講，所以場地費支付也不成

任何問題。進行人生導師諮詢時，只要有一杯咖啡或是一頓飯的費用即可，如果錢還是不夠支付，也能透過打工賺取所需。

如果被「錢才能滾錢」或是「只有有錢人才能賺到錢」的固有觀念限制住，那你什麼都做不了。事業成功的人，多半都是從錢不夠的狀態開始的。他們認真用心的賺錢、存錢，然後繼續投資，才能夠持續的讓自己的事業獲得擴展的機會。

當然，事業進行到一半，也是有可能出現意外的情況，像是必須拿出比我所有的資本還要多的錢出來投資，例如：必須再去學習與事業有關的專業領域知識，此時，就要判斷「我目前想要投資的項目是否真有投資價值」，如果你認為這是對於自己事業必要的投資，那請放心大膽的付費吧。

錢不夠的時候，最大的誘惑就是「貸款」，但是貸款具有相當大的風險，光利息費用就不算少，更可能會成為往後巨大的經濟負擔。就算是非貸款不可的情況下，也請務必只貸自己能夠負擔攤還的額度。同時，**不論任何情況下，絕對不要借高利貸！**或許高利貸能夠協助你度過一時難關，但是後續的討債壓力不是你能夠輕易承擔的。

要先知道自己要做的是什麼，
才能判斷錢到底夠不夠用。

04 擬定征戰的必勝計畫

出征戰場時，若沒有策略會怎樣呢？是的，就是會陣亡。因此，想要生存就必須要有策略，出征之前必須要擬定出征策略。

一人企業的業務現場，就如同出征的戰場般，每天都要為了生存而戰，所以一人企業當然也需要生存策略，特別是必須一個人完成所有的事情，更是不能忽略策略的重要性。

一人企業之三大生存攻略

攻略1 建立差異性，成為一眼就被看見的北極星

想要存活於市場上，就非得是個人專業、專精的領域才行。只是人們總喜歡進入門檻低或是規模大的市場，這種心態很容易瞬間消失於市場競爭之下，因為那個領域早已有人獨佔先機，或是早已趨於飽和。所以，**一人企業要有能力鑽縫，找出或是創造出原先市場所沒有的領域。**

日本顧問專家山本真司的著作《成功俱樂部》（20代仕事筋の鍛え方）中主張，業務人員也需要像運動員增進肌力般的增進學習能力，其中一段這樣寫著：「不要追逐著人人都有的資格證照、英語實力，也不要像候鳥隨著四季遷徙一樣，只追逐職業的光鮮外表。某個組織中，如果沒有經歷過『學習』到『成就』的完整過程，是不可能培養出真正具有專業意識或職業意識的人。在工作現場中，需要的不是百科全書或是技巧，而是非你不可的能力。如果你無法具有與他人不同的差異，那麼你此時所擁有的所有知識、技巧，不到五年的時間就會變成垃圾。因此，你能否在二十歲的時候養成『工作能力』，往往決定你往後二十年的生存能力。」

有一位諮詢者想成為自我開發的講師，但是自我開發的講師何其多，我們需要找出這位諮詢者不同於其他人之處。經過認真地思索他的特色與強項後，發現他喜歡唱歌，對音樂有極大的興趣，也曾擁有透過音樂治療獲得生命希望的經驗，因此，他希望告訴人們透過音樂治癒心靈的效果，而在我看來，這是他與其他講師最大的差別。

找出確定方向之後，他決定朝「音樂心理治療講師」之路邁進，開始研究起不同音樂，而今已然是一位音樂心理治療講師，提供許多相關課程，也向大眾宣傳「透過自己喜歡的音樂可以獲得療癒效果」這個觀念。目前他已經擁有相當的知名度，擁有個人品牌形象，是位人人喜愛、具有獨特魅力的講師，這就是他懂得追求別人沒有、專屬於自己的事業領域所致。

這世界有許多不同的領域，如果一窩蜂的追求大家追求的領域，那麼真的難以獲得什麼成就，特別是**一人企業要像數萬顆星星中，一眼就能被看見的北極星一樣醒目。**再者，我們自己所開發出來的獨特領域，是不會出現在大企業或是大公司裡，而是專屬一人企業才有能力抓住的機會。

攻略 2　跟隨時代轉變，速戰速決、靈巧轉身

現代社會是高速的時代，許多產品從走紅到沒落的時間

相當短暫，今年流行的衣物明年就成了舊款。

這表示這個世界變動異常快速，但是大型組織往往無法快速應變，一個創新的點子從提出到放入商業市場之間，需要經歷許多大大小小不同層級的會議，以及許多決策者之手。但是一人企業沒有人事包袱，特別輕巧，可以快速決定並付諸行動。因此，如果能夠快速適應市場，跟隨時代變化改變策略，一人企業的市場能見度也會跟著提高。

攻略3　創造獨佔市場，取得領先優勢

不論是哪個市場，最先進入以及獨佔的公司一定能取得勝利。美國最有名的線上結帳服務業 PayPal 創辦人之一彼得．提爾（Peter Andreas Thiel），就最先看出線上結帳與臉書的價值，他曾說過：「成功的企業都不盡相同，因為他們有各自的優勢，以及獨特的解決問題手法。而失敗的企業都一樣，因為他們無法跳脫出競爭環境。『創造獨佔』即是當新產品被創造出來，獲得市場接受後，製造產品的人要能夠繼續創新、往前走。唯有持續開發出更獨特的產品，才能確保繼續獲得利潤。每次只多一點更新就想繼續獲利的時代已經過去了，現在必須要持續『創造獨佔』，才是企業經營的根本生存要件。」

要把力氣花在挖掘目前市場完全沒有的新世界，若只想著與人競爭，反而是削弱自己的能力。請找出或創造出別人未知的領域，並想盡辦法執行，讓市場需要它、重視它。

現在你從事的工作，若只有激烈競爭而看不到願景，那該是轉變的時刻了。時代在變化，人們、企業也該跟著變化，跟隨著水流改變自己，享受那股潮流帶來的影響，在變化中找出策略。

請創造別人未知的領域，想盡辦法執行，讓這個市場需要、重視它。

第七章

01 一年內達成最大的獲利計畫
02 堅持到底，養成「看長線」的習慣
03 說出屬於你的動人故事
04 用知識賺錢也有技術面
05 專注於最有可能成功的一個事項
06 不要只賣產品，而是要賣價值

令你心動的志業，才能創造出更大獲益

01 一年內達成最大的獲利計畫

現今社會氛圍普遍認定賺錢是人生最重要的事情。

目前年輕人也對金錢相當的敏感，或許是因為就業困難之故，然而，就算順利找到工作，現今整體社會還是處於不景氣的大環境下，難免會讓人更執著於金錢的累積。

接受學校正規教育長大的人，多半不知道如何創造收入，單純的認為當個上班族就能夠每個月固定收到一筆月薪。然而，這世上賺錢的方法百百種，我成為「一人企業」之後，就看到許許多多不同的賺錢方法。這些工作者告訴我他們實際可行的各種賺錢方式，若能融會貫通，找出符合自己的方法，不出一年，你也能夠賺進億萬韓圜收入。

銷售能力就是飯票

想創立一人企業的朋友，多半都認為「事業項目」最重要，但若以獲益為前提來排序，「事業項目」反而是第二位，能否賺錢才是第一。關鍵是你是否具有銷售能力，能夠賣出產品，下一步就簡單多了，也就是無論產品是什麼，能否銷售出去才是創業是否能成功的重點。如果你不擅長銷售，務必在這方面好好的學習和下工夫。

一人企業選擇的事業項目多為販賣知識有關的商品，而經營者多半也都有專業知識與經驗，但若想以銷售為目的，就必須將熟知的內容經過不同層次的加工製作，才能夠上市販賣。

像是知識加工後，能以課程、研討會、研習、書籍、線上課程、諮詢、輔導等多元化的方式製作販賣，但也必須依據不同的產業、商品類型，選擇不同的內容製作方式。

一人企業如何賺錢

我們來計算看看如何用這個方式在一年內賺進數千萬韓圜。一般而言，在韓國開設研討會這類的活動沒有折扣，消費者需要付出五萬多韓圜的入場費用，若有二十個人參加，就會有一百萬韓圜的收入；若寫成書籍出版能獲得每本一萬四千韓圜的收入，也就是賣出五百本可以獲得將近七百萬韓圜的收入；再者，諮詢費用最少一人二十萬韓圜，十人就會有兩百萬韓圜的諮詢收入，一個月不就能賺進千萬韓圜嗎？再加上定期的研習、研討會，以及個人的指導費用的話，會賺更多。

這些是從事知識內容販賣的「一人企業」提高收益之方法，我也是利用這些方式提高收入。而能不能有如此高收益的關鍵，就在於這些內容該如何修飾、如何傳遞。**「能夠協助他人」的內容才能夠提高收益，才能成為人們喜愛、會搜尋的商品。**

上述的方法中，寫書一項不僅最花時間，也不見得每個月都能賣出五百本，那麼收益不是會減少嗎？不過，誠如我所說的，研習與輔導也是收益的一部分，所以不需要太過於擔心。

以研習來說，不論是一天或是兩天一夜的研習，一人通常要繳交三十萬韓圜的研習費用，四十人的研習就有一千兩百萬韓圜的收入，每一季舉辦一回，一年就能有五千萬韓圜的收入。

而舉辦研習的重點，就在於準備的研習內容與場地的選擇，內容若虛華不實，就只是曇花一現；場地若沒選好，會影響參加人員的權益，只要能兩者都做好，善加策畫安排，這的確是一項獲利頗豐的項目。在美國就有一人收費一千萬韓圜的十天研習，而與會人數若超過一千人，單一場研習就有一百億韓圜的收入。在研習文化相當發達的美國，確實能夠舉辦這類高水準的研習活動，而在韓國，研習文化目前尚未成型，不過以知識經濟發展的趨勢來看，研習風潮必然也會逐漸興盛。

準備難，放棄更難

許多從事販賣知識的一人企業，多數會因為準備的過程過於辛苦而放棄，但那不就表示又要回到原本不喜歡的月薪工作了嗎？原先不就是不喜歡那個工作才離開的嗎？所以，再辛苦也要堅持下去！喜歡的事情做到一半，因為錢的關係而放棄收手，不是會讓自己更難過嗎？

如本書前述章節提及，一人企業的開始若馬上與錢扯上關係會更辛苦，最初應當要有賺不了錢的覺悟，收益的問題可以之後慢慢思索、慢慢找尋。但若一直都沒有收益，就代表一定有問題，大部分的關鍵都是出在不知道客戶要的是什麼，或是宣傳與行銷的策略不足導致的狀況。因此，若針對這些部分能有所改善，就能夠賺到錢。

喜歡的事情做到一半，因為錢的關係而放棄收手，不是會讓自己更難過嗎？

02 堅持到底，養成「看長線」的習慣

人有一種稱為「時間觀」(Time Perspective) 的本能，當越想完成某件事情時，會花越多的時間去完成。相關研究也顯示成功的人願意花時間，不會執著於短期收益，而是審慎思考未來成功的可能性，願意耐心等待真正的成功。

我檢視了各種領域成功者的案例，發現他們確實都願意耗費時間等待成功的那一天，當成功獲得世人矚目之日，也是他們長時間努力之下的成果展現之日。

試想醫師與教授也都花費許多時間，最少要在他們的領

域努力認真十年以上的歲月，才能穩坐專家的地位。在別人都不認識他們、不關注他們的歲月中，他們持續認真、用心的學習，才能獲得目前的社會地位與財富。沒有任何的成功是不用付出和等待的。

挺過孤獨，路會越走越寬

我一開始創立網路 Café 的當下，會員數只有一位，就是我自己。所以不論我上傳任何文字，都不可能會有回應，也不會有任何留言。我就只能自己寫文章、自己回應、自己跟自己對話，非常無聊。那時常常想，如果有人可以跟我互動該有多好。於是我開始認真的宣傳我的網路 Café，會員人數也達到十位，雖然不多，但足以讓我開心快樂的享受寫文章的樂趣，但還是沒有人給我回應，說不失望是騙人的，但我並沒有放棄，每天都持續寫作。

漸漸的會員數不斷增加，從一百位、兩百位，直到超過一千位會員，人數一多就會有人回應、有人積極參與討論。加上我定時上傳、積極管理我的網路 Café，所以不僅人數逐漸成長，討論數也逐漸增加，這真的是一件相當神奇的事情。剛開始經營網路 Café 真的很辛苦、很孤單，但現在變得非常有趣且快樂，目前我的 Café 會員人數到達五千位，每天都有不少討論串，可以吸引更多人一同參與，每回舉辦實體的聚會、研討會時，也會有許多人一同參加。

如果我因為一開始的孤寂與無趣就放棄，現在就不會獲得這樣好的成果，所以只要你也努力不懈，一定能獲得甜美的果實。起頭與實踐的過程確實會相當無趣與孤寂，但是成功的人必須走過這一關卡，才能獲得想要的成果。

不要因為當下的甜美，而放棄夢想願景

「想要實踐自己的願景，但是擔心無法賺到錢。」有一位青年是這樣想的，所以他選擇以「找到一份安定的職場工作」為目標，為此而努力的準備。大學畢業之後，認真的考多益並取得許多資格證照，花了不少的時間與金錢，最終確實也進入大企業就職。

但是他卻在面對自己的願景時，因為錢的問題，而認為自己無法做到。明明原本是一位願意為了短期就業目標而花費時間、認真努力的人不是嗎？對於更重要的長遠願景卻反

整體的人生道路上，請不要因為短暫的苦痛而屈服，痛苦總是會過去。

而縮手，這樣的想法實在令人難以理解。而且一人企業不太需要初期成本，這明明不是飢餓生死的存亡問題，頂多只是創業初期無法享受美食、好茶、好房子而已。

追逐夢想的時刻，不能光想著我馬上要獲得豐裕的生活。實踐夢想時，遠大的欲望與野心是最重要的推動力，人生在世必須謹記這一點。只想著當下的富裕是無法實踐夢想的，要看見更遠的未來，並朝那個方向邁進。

《羅馬帝國衰亡史》的（The History of the Decline and Fall of the Roman Empire）作者愛德華·吉朋（Edward Gibbon），耗費了二十年完成這本書；瑪格麗特·米契爾（Margaret Mitchell）為了完成《飄》這本書，也花了二十年的時間收集相關資料。

失敗的人只會關注眼前的結果，成功的人會著眼於更遠的未來，積極朝未來的可能性邁進。整體的人生道路上，請不要因為短暫的苦痛而屈服，痛苦總是會過去，努力的往前走，一定可以獲得想要的成果。

03 說出屬於你的動人故事

「燈泡是誰最先發明的？」

相信大部分的人都會說燈泡是「愛迪生」發明的，但其實最先發明燈泡的人是英國化學家兼物理學家約瑟夫．斯萬（Joseph Wilson Swan），他比愛迪生早了快十個月發明燈泡，但是我們為什麼會認為是愛迪生發明燈泡，而不是約瑟夫．斯萬呢？

理由很簡單，因為愛迪生比其他的發明家更懂得將發明品當成商品、將商品產業化，且具有行銷能力。

愛迪生在技術研究開發之前，就先針對電力產業設計一套系統，包括電力該以何種方式供應給客戶使用，如何配電等等。所以當約瑟夫．斯萬還在找尋投資者時，愛迪生已經開始販賣電器產品，裝設各種電器設備。

約瑟夫．斯萬是位單純的科學家，而愛迪生是位發明家兼事業家。愛迪生當時所建立的公司就是GE（General Electric）的前身，他不僅僅是發明家，還是一位懂得製作、販售自己發明產品的人，也可以說，我們會認為他是發明之父的最大理由，就是他擁有卓越的行銷能力所致。

不說，就不會有人知道

每個人都有才能，但若不說，沒有人會知道，因此，沒有積極宣傳自身的能力，就難以掌握成功的機會。俗話說

「愛吵的孩子有糖吃」，明白地說出自己擁有能力和欲望，就要抓住機會表達，才是最佳的成功之道。

韓國社會長久以來相當在意他人的眼光，所以不喜歡太過於突出，覺得表現自己、展現欲望會被當成在炫耀而被討厭。這種習慣正是造成個人能力無法展現的最大原因。**默默地站在一邊，怎麼可能會被別人發現呢？**

過去的我因為內向個性吃盡苦頭。在學校的時候只敢坐在中間的座位，擔心上課時被老師點名發言，非常害怕成為矚目的對象，所以同學也多半不記得、不知道我的存在；進入社會後也是一樣，因為害怕過於出風頭，所以都安安靜靜地做我該做的事情，也因此常常被忽略。

但是開啟事業之後，我必須不同於以往，網路上需要放我的名字、簡介、照片，平常要積極的發名片、舉辦課程，客戶正是因為看得見我積極宣傳的簡介而願意相信我、信賴我的人生導師課程。因為我正正當當的展現自己，所以人們願意信賴，甚至於有人玩笑似的跟我說，網路上看到你的資訊，會覺得能跟你見面就像跟藝人見面一樣榮幸。而我喜歡人們有這樣的反應，因為我的事業會因此蓬勃發展。

自我行銷的方式有許多種，我們來檢視一下「活用自己的故事」與「SNS自我行銷」兩種方法。

你的故事，會是其他人的希望

有一個孩子，他來自於不幸的家庭，從小被當成問題孩童，高中輟學。為了生活，他待過飯店當廚房擦盤子的工讀

我正正當當的展現自己，所以人們願意信賴我。

生，也曾在木材所、加油站、貨物船、停車場等地方工作。

而他的人生出現轉變，是因為他任職一間公司的業務，很認真的想做好業務工作，還去找高手學習如何做一個業務員。終於，他成為業務界的傳說人物，一堂課程的授課費用高達八億韓圜的講師，成為一位成功的事業家，他就是博恩·崔西，他的課程獲得全世界二十五萬人與超過一千個企業的肯定。

成功的人都有這樣的故事，從他們的故事中，我們可以看到希望、勇氣、期待，人們都喜歡苦盡甘來的成功者的故事，因為人們都想藉此得知克服困難的方法。對於出身高貴而成功的人，反而一點興趣都沒有。

故事，會讓人充滿鬥志。而且人們總是比較喜歡有趣的事物，所以故事要能夠引起人們的矚目，這也是硬邦邦的理論書籍與有趣的課程最大不同之處。無論是一人公司或是大企業，都要先能創造出故事，才能吸引人們的目光。

再者，說故事的人要懂得如何打開人們的心房，透過故事讓人們感動，進而產生共鳴。一般來說，失敗引起的痛苦經驗更能產生共鳴，更容易成為多數人願意共享的話題。因為人們會將這個故事投射到自己身上，將自己幻化成這個故事的主角一般，也因此會對主角產生興趣與信賴。

由此可知，如何自我行銷是件相當重要的事情。

許多人會說：「誰會對我的故事有興趣？這哪裡會有幫助……一定不會有人想知道的。」而我都會這樣跟他們說：「您的經驗對於其他人而言可能是解決之道，當他們遇上問題時，若有人可以提供解決的經驗不是很好嗎？您認為不重要、沒有價值的事物，對他們而言可能是希望與問題解決的關鍵。所以請拿出勇氣，珍惜您的經驗故事。」

一路走來，你可能也遭遇、面對許多問題，遇到事情的當下，不是也因為前輩的協助而順利解決了嗎？不要認為自己的故事沒有任何價值，雖然對你而言可能已經是垃圾，但若勇敢告訴他人，可能會成為他人的寶物也說不一定。你的人生故事，很可能為你帶來財富與名譽。

SNS自我行銷的方法

自我行銷的方法中，近年來流行的方式是透過SNS傳遞出去，此處提出幾點應用SNS自我行銷的注意事項。

行銷方式1　讓眾人看見你的專業

盡量讓自己曝光於SNS上，但是盡可能不要放飲食或是旅行的照片文字，這個方式其實與他人沒有不同，顯現不出差異化。

行銷自己，要多多上傳與自己專業領域有關的文字。不是人們想知道的美食名店，而是你所擁有的專業資訊，如果有販賣中的商品，也請務必上傳相關資訊。

像是販售出版品、舉辦研討會、開設課程等，將這部分資訊上傳至SNS的話，會讓拜訪網頁的人們藉此獲得有用的資訊。

但是，請不要每天都上傳過於商業化的資訊。**即使上傳商品或服務時，也不要過於強調販賣，而要強調「資訊」提**

供。若每天都上傳宣傳性的廣告，人們會漸漸對你的網頁失去興趣。想想看，如果有一個電視頻道成天都在播放廣告的話，會有人願意看嗎？同樣的，在SNS上通通都是商品宣傳，也不會有人願意看，要謹記提供給網頁訪客「有用的資訊」這一點，因為那是最重要的關鍵。

行銷方式2　真誠露臉，公開自己的照片

要將自己的臉公開在SNS上，不用在乎是不是帥氣漂亮，而是要乾乾淨淨，容易讓人記住的照片或是畫像。公開自己的照片，也就代表對於自家的產品或服務具有信心，人們就會相信你，容易加深信任度。一旦擁有信任關係，就會願意購買你的商品。因此，請以積極的角度面對照片公開這一件事。

行銷方式3　持續上傳文章

許多人會覺得上傳是件很煩人的工作，所以上傳幾天的文字就放棄，但是一旦放棄，過去所上傳的內容就瞬間失去意義。**人們只會對持續有新文章的網站產生興趣**，不會對於瞬間消失的事物感興趣，一旦沒有任何文章，人們就會轉移他們的視線。因此，**請持續保持上傳的習慣，盡可能維持每天都有上傳新文章的習慣。**這樣人們會天天期待你的文章，不需特別宣傳，其他人也可能聽到傳聞而找上你，進而增加粉絲人數。

04 用知識賺錢也有技術面

志業有許多業種與領域，其中也包含開設課程的一人企業。雖然並非只能開設課程，但是到目前為止，可以傳遞、共享自己的想法、知識與經驗的方式，只有開課一途。

與現代這種情況相仿的時代，就是西元前五世紀左右，在希臘周遊四方、以傳授知識或技能為生的教師或專家，我們稱之為「詭辯家」（Sophist）。他們相當熟悉課程與教學方式，也具有說服人們的能力。當時的希臘屬於民主共和國體制，每個人都具有說服他人跟隨自己的想法，或者是透過協商取得最終意見的能力。而這些能力在當時的希臘相當重要，具有開設課程、授課講習能力的人，就等同於擁有競爭力的人。

只是，許多人卻在課程開始前，就先擔心自己不敢站在眾人面前、不知道該開設什麼樣的課程等等。或許擔心是理所當然的，我也曾經如此。然而，就我的經驗來說，課程設計並沒有想像中的困難。

親身經驗，最能打動人心

如果還是有點害怕，那可以先從小規模的聚會開始，練習如何站在人前說話，幾次之後就會掌握訣竅，即使出現小小的口誤，大多數人是不會太過於在意的。只要能夠體認到這一點，對於站在人前說話這件事就會少一點負擔。而持續練習之後，就能夠越來越不緊張、自然的上台，流暢的表達自己的意見與想法。

充分練習之後，就該是上台授課的時間了，人數少也沒關係，可以召集親朋好友或是從參加演講聚會等方法開始。

當漸漸習慣在人前演說時，下一個階段，就是要做出專屬於自己的授課內容，也就是整理到目前為止自己擁有的知識與經驗，例如，閱讀許多書籍之後能夠整理出心得內容，或是喜歡自行車而能夠告訴他人選擇自行車的方法，都是不錯的經驗內容。基於自己的經驗而做成的分享內容，通常最能夠引起聽眾的共鳴，其內容也相對比較生動活潑。

將自己有興趣且認真學習的事物做成網頁，也是方法之一，整理出書中以及專業領域的相關資訊，就算不是專業領域，而是自己有興趣且認真學習的行銷、會計、美術、歷史等等，也可以依據學習的主題整理統合，經由一些創意的呈現手法來滿足人們的好奇心。

實戰是最好的練習

開設課程要先確認場所與日期，而課程教室或是研討會的場所租借並不難。課程部分，僅需要考慮參加者之性別、年齡、職業，以及交通、場地大小、座位數即可。日期與時間需要依據參加者的情況來設定，如果參加者是以家庭主婦或是事業家為主的話，一般要以平日白天、上午十點至下午五點為佳。但若是以上班族或是學生為對象的話，則需要選擇晚上或是假日，這樣出席率才會高。

至此，關於課程的準備已經告一段落，該是開始宣傳課程的時候了。將主題以及整理好的大綱告知友人，以及公開在SNS上，當然也可以收取一些課程費用。

課程的重點項目，主要是讓聽眾聽到他想要獲得的資訊，這也是資訊傳遞最大的重點。

通常第一堂課程還無法掌握聽眾的想法，但大約十次過後，有了累積的經驗，就能開始理解聽眾的想法。同時也可以透過參與者的「課程回饋意見」，補強修正自己的課程內容。

一步步的逐漸累積經驗，就能培養出卓越的講課能力。不論哪個領域，只要經過反覆的練習就能夠獲得成功，同樣的，講課能力也一樣，持續的努力練習就能克服害羞或恐懼，越來越從容流利。

課程的成功，對於自身品牌與宣傳具有莫大的功效，同時，以知識與經驗累積出來的內容，對於聽眾客戶來說也具有實質的收穫。一旦成功之後，不論是課程或是公開場合所說的話會越來越有影響力，因此，事先妥善準備課程內容是非常重要的，不論對於自己還是對於聽眾而言，都是有助益的事。

學習販賣知識的方法

課程、諮詢、輔導、書籍等都是販賣知識的事業，一人企業多數都與販賣知識的這些經營發展有關，而販賣知識要注意以下幾點原則：

不論哪個領域，
只要經過反覆的練習就能夠獲得成功。

原則1　要選擇自己心動的主題

一定要找尋自己喜歡的主題，選擇自己關心、喜歡的領域，不要採用他人喜歡的主題，不要跟著流行潮流選擇主題。像是以平時喜歡閱讀的書籍領域，或是常於網路上搜尋的關鍵字為主題，例如時尚、運動、瘦身、閱讀、管理、自我開發、投資等。

只為了錢而選擇的主題，容易讓熱情燃燒殆盡，無法持久。請務必選擇自己喜歡、有興趣的領域，這樣才能開心的沉浸在傳遞內容的過程中。

如何發掘主題？對自我的四個探索

Q1　最常閱讀哪個領域的書籍？

Q2　往後想學習哪個領域的事物？

Q3 光想就覺得很開心的領域是哪一個領域？

Q4 與人交談時，哪個領域相關的對話讓你最開心？

原則 2　找出目標客戶的問題點

選定主題之後，要找出並掌握該目標客戶可能會出現的問題點。任何人都會有不同程度的問題，不同年齡、不同職業，甚至於不同的身分角色都會有不同的問題，要找出目標客戶可能的問題點，才能適當的提供解決問題之對策。相對的，平時若能多傾聽目標客戶的故事，你就更能夠掌握目標客戶可能會有的問題點。

如何發掘目標客戶？對自己的三個提問

Q1 客戶想知道的是什麼？

Q2 可能妨礙客戶達成目標的事物是什麼？

Q3 客戶討厭的事物是什麼？

原則 3　將解決對策列出執行細項

確認了客戶的問題點之後，就要針對這些問題製作解決對策。他們的問題也許需要時間、金錢或學習才能獲得解決，你所準備的內容，正是要針對他們所需的部分提供具體做法，同時，你還可以提供不同的解決對策，幫客戶彙整出具有彈性、可變通的執行方案選項。萬一你的知識與經驗尚且不足時，可以透過書籍或網路補強，最少需要閱讀三十到五十本的專業書籍，自己整理匯集成一本方案策略手冊，並且製作成簡報，如果還能做成影片課程的話會更棒。

原則 4　販賣內容明確定價

經由一到三的原則所用心做出的內容，如果不販賣就沒有任何意義，而這部分也就是所有一人企業最弱的一環。

目前的網路分享時代，可能是一人企業宣傳與販賣內容最佳的環境，因為不用花費一分錢就能透過SNS宣傳。這些廣大使用者可能也是客戶，所以上傳前一定要確實彙整，做出讓人們容易理解的內容，同時要訂出一個適當的價格，不要害怕定價，因為客戶必須知道價格，才能決定是否購買。

05 專注於最有可能成功的一個事項

人們多半都是從一個項目開始其事業，但時間一久，許多人就會想要擴展到其他項目，然而一旦項目增加，就會造成時間不夠，熱情也可能會漸漸消退。特別是當每一個項目都沒有成果，就更容易遲疑害怕，如此一來不僅不會有成果，也只是讓自己更顯忙碌罷了。

主題經營，發展方向要集中

有一位不斷擴張事業項目的諮詢者，他透過網際網路販賣多項的內容，原本他的事業項目是製作手機應用程式，而過了一段時間就中斷這個項目，改做管理諮詢。但目前管理諮詢的市場過於窄小，所以他又兼作行銷課程，最後他總共有十個事業項目，導致要處理的事務越來越多，宣傳要做十份、課程要做十份，結果沒有一個項目做好，也嚴重影響他的收入。最終，只能找上我進行人生導師的諮詢。

我詢問他目前的事業項目中，哪一個項目最重要？也就是若要他選擇的話，最想做哪一個項目？他說最想製作的是網路行銷的手機應用程式，因此，我又問他做這個項目的障礙是什麼，他說時間不夠。問題回到了原點，人一次只能做好一件事，於是我還是請他認真集中於最想做的項目上。

在那之後，他決定要集中於最想做的網路行銷手機應用程式，並積極宣傳他的事業，漸漸的客戶開始找上門，而購買應用程式的人，和因為這個程式而產生疑問的人也會找上門詢問，於是他就必須針對這個部分出一份課程以提供教學。如此一來，從販賣應用程式的收入增加了課程的收入，再過不久，出現了要求諮詢的人們，收入也逐漸走向多樣化，事業如火如荼地蓬勃發展。這就是他專心於一項事業的成果。

我們常常想要同時做好多種不同的事情，但是連同毫無效益的事情也需要耗費時間，所以往往投資了許多時間卻沒有任何結果，只是讓自己更忙碌，原因就出在不理解正確的成功模式是什麼。

剛開始創業的人們請謹記——在一個項目尚未成功之前，絕對不要嘗試多樣化。我們可以以餐廳經營為例，當一間餐廳的菜單簡單樸實，會吸引許多人上門嚐鮮，成為名店。

再者，食物好吃、出菜速度快，更是吸引客人的關鍵之一。相對的，菜單多樣化的餐廳，就需要更多的料理準備時間，該做的事情加倍，卻沒有賺更多錢，這就是效率上的差異。

一人企業想要成功，就必須集中於一個事業項目，因為只有一個人的關係，與其發散過多事務，倒不如集中在一個項目會更有效率與效果。集中於自己最在行的領域並做出成果，是成功的關鍵，因為不論是哪個領域，只要沒有成果，人們就不會關注。

在經過許多的思索之後，就要認真的去實踐那些想法，當做出範本時，請務必調查人們的反應，將反應好的留下、反應不好的部分淘汰，並將反應好的營業項目更加精進，集中心力使其更成功。

集中於自己最在行的領域並做出成果，
是成功的關鍵。

06

不要只賣產品，而是要賣價值

我們常會看見專注販賣自家商品的商人，他們喜歡強調商品的優點，諸如有多樣化之規格與多用途的特性，但是目標客戶卻完全感受不到商人說的優點和價值。要記得，販售的時候重點不是商品有什麼機能，而是要針對目標客戶的需求面，適度的展現該商品相應的價值。

一人企業也是一樣的，成天宣傳的人也不少，而這其實就像在網頁簡介上寫著「我出身什麼學校、擁有什麼資格證照，我很厲害」充滿自我炫耀的人一樣，這種做法是無法引起共鳴的，更不可能有人對你或你的商品產生任何興趣，因為這對目標客戶毫無價值可言。

展現商品價值，而不是商品本身

這個世界有許多產品與服務，以及可能成為消費者的人們。然而，厲害的人若無法讓人知道自己的價值在哪裡，就無法獲得關注。

世上所有的商品都有其貢獻度，我們稱之為「價值」。人也是一樣，如果一個人因為想得到更多而僅靠利己的野心過活，世人不會賦予他任何「價值」，反而會認為他是個自私、無用的人，這種人以商品來比喻就是個庫存品。

想要脫離庫存品這個身分，要先知道我能提供這世界什麼，或是想傳遞什麼價值，我能否用自己的經驗傳遞有用的價值。這世界有許多的問題，人們需要知道是否有相應的解決對策，若你能夠活用自己所擁有的優點跟能力，提供解決問題的對策，人們就會主動找上你。

告訴不懂化妝或是技術尚不熟練的女生化妝的技巧，就是件具有利他價值的事情；瘦身成功的人告訴想瘦身的人重要的減重方法，也具有其價值。而傳遞價值的時候，不要刻意說出商品，因為我們的重點是要告訴客戶該產品或服務能為客戶帶來他需要的價值，而不是說明產品有多優秀。用前述的化妝品與瘦身方法來說，重點是如何為客戶帶來美麗與健康、為客戶帶來成功的滿足，而不是化妝與瘦身產品的本身。這樣的販售技巧若同時能讓男性產生好奇心的話，就能吸引雙倍的客戶。

看懂商機，贏家已定

有一位喜歡與人們溝通聊天的諮詢者，每一次的聚會他都會與人們分享他的想法、與人們交流對話、一起泡咖啡、一起登山。我們可以從中得知他喜歡的不是聚會本身，而是能夠透過聚會獲得與人們交流對談的機會，因為聚會中會有共同的話題，大家能從共同話題中找尋各自需求的價值。所以，他開發並提供人們聚會的服務，各領域的聚會主題諸如咖啡、登山、瑜伽、派對等，目前有超過一千人與他接洽聚會事宜，可見得他完全理解自己想做的志業。

他說：「人們並非單純想聚會，而是聚會中有他們想要獲得的價值。我找到這一點並努力地傳遞這個可能，而所謂『價值』就是樂趣、享受、學習，讓人能學到本來不知道的

想脫離庫存品這個身分，得先知道我能提供、傳遞什麼，能否用自身經驗傳遞價值。

事物，並從中獲得樂趣與享受，這就是我的志業。希望人們可以持續透過聚會發掘價值，並擁有該價值帶來的成就。」

不是單純的玩樂聚會，而是希望來聚會的人都能夠獲得他們想要的知識和經驗分享，所以參與聚會的人們都很滿意，也會介紹朋友來參加，讓聚會能夠持續召開。

請先檢視一下你現在擁有的產品與服務之價值。如果你很會寫文章，那麼請思考一下，你想透過文章傳遞什麼？重點不是在寫文章的本身，而是文章能提供什麼價值，以及如何與成功連結，並讓世人知曉。不論是很會寫報告或是能撰寫完美論文、專欄文章等，皆可以放入部落格中宣傳擴散。但要確認目標客戶是否真的需要這些價值，畢竟，要正確傳達產品或服務之價值，才能夠成功的完成販賣這個項目。

單純販賣「產品」的公司與個人很多，但是懂得販售「價值」的人卻相對很少。所以，現在的你知道並理解這個重點，就代表你已經搶到先機了！

附錄

找尋怦然心動的人生所需指引表

閱讀完本書後，你應該還有著許多的疑問，所以，我為你們準備了設定願景的人生所需指引表（WorkSheet）。

Step 1 認識自己

透過認識自己的過程，找尋自身的價值、優點、有興趣的活動。

Step 2 找出自己想做的志業清單

藉由列出清單來探尋自己真正想做的志業。

這兩個步驟無可避免的都需要獨自思考的時間，這對於認識自我會有莫大的助益。希望你能夠找出人生的目標，並熱情的朝向目標邁進。

| 自我開發潛能表 Worksheet Step 1 |

01【找尋自身的價值】

★人生中重要的是什麼？請透過過去的事件寫出重要的事物與價值。

曾經使你開心幸福的事	價值

★價值清單圈選

朝氣蓬勃	創意	挑戰	自律
勇氣	美麗	興趣	開心
享受	公平	學習	正義
愛	幸福	自由	幽默
熱情	真實	靈性	奉獻
安定	安全	正直	信賴
協調	忍耐、耐心	賢明	誠實
自我管理	影響力	成名	和平
實踐力	權力	成功	成就感

02.【找尋有興趣的活動】

★寫出你曾經喜歡做的事情，與那些事情相關之對象或活動內容。

你曾經樂在其中的事情	活動、對象

★有興趣的活動清單圈選

分析	組合	企劃活動	駕駛
諮詢	討論	修理機器	交朋友
上課	實驗	動物	公演、表演
調查	整理	帶領人們	裝飾
教導	旅行	寫作	說話
協商	協力	表現	連結
受矚目	交易	啟蒙他人	冥想
治癒	探勘	研究	販賣
學習	保護	競爭	冒險

03.【找尋自己的優點】

★想找出自己的優點，要先嘗試回答下面的問題：

比他人學習快速的事物是什麼？
比他人快速完成的事物是什麼？

★想想看你曾經成功或是獲得成就感的事物是什麼？當時你施展了什麼優點？

曾獲得成就感的事	施展的優點

01.【志業清單一百樣】

★寫下想做的事情、想擁有的東西、想成為的人物等一百樣。

編號	重要度	分類	志業清單內容	期限	達成與否
1					
2					
3					
4					
5					
6					
7					
8					
9					
10					
11					
12					
13					
14					
15					
17					
18					
19					

02.【志業清單分析整理】

★前述志業清單中，你最想做的一件事是什麼？

最想做的志業

★選擇這項的理由與意義為何？

為什麼最想做這項志業

★寫下自己關心的領域、活動、能夠協助的對象。

領域 （如：文學、音樂、醫學）	活動、角色	協助的對象

★我的夢想圖版——詳細記錄達成願景的模樣，包括何時、哪裡做、做什麼、如何做，以及看起來、聽起來、感覺如何，亦可以用圖畫記錄。

03.【達成願景的階段目標】

★依順序寫下具體要做的目標和完成的時間計畫。

編號	順位	目標	期限
1			
2			
3			
4			
5			
6			
7			
8			
9			
10			
11			
12			
13			
14			
15			
16			
17			
18			
19			
20			
21			
22			

為尋夢人開設之〈一人企業導師研究所課程〉簡介

01.【研討會課綱】

課程	說明	課綱	時數
找尋心動夢想的方法	給徬徨於不知道夢想與願景是什麼的你，一個找尋夢想的方法	1. 夢想是什麼？ 2. 需要心動人生的理由 3. 找尋夢想的方法 4. 夢想實現的七大祕密	2H
創造人生奇蹟的志業清單	學習在眾多想法中找出志業清單，並且學會實踐的方法	1. 志業清單創造人生奇蹟 2. 寫出志業清單的要領與方法	2H
對錢的心態	學習對錢應有的心態，以及錢與你的關係	1. 錢不會找上你的原因 2. 錢與心態 3. 錢與潛意識 4. 有錢人的心理 5. 對錢的心態	2H

02.【人生導師課程】

課程	說明	課綱	時數
找尋心動夢想的實踐課程（團體諮詢）	針對不知道為什麼活著、極度徬徨的人提供一個啟動熱情、找尋願景的課程。找出自己想要的方向、瞬間改變你的人生。	1. 從失業者到千人人生導師之路 2. 發掘優點、發掘價值、自我心理分析 3. 一對一階段檢視諮詢 4. 志願清單、願景道路資訊 5. 設定夢想目標、願景設計 6. 一對一個別諮詢結論	4 週
夢想志業創造課程（團體諮詢/1 對 1 諮詢）	創造出屬於你的專門領域，將想做的志業結合夢想。透過「夢想志業創造課程」喚醒你的潛能、提高你的執行力與自信感。	1. 夢想、願景設計 2. 設定目標 3. 創造夢想職業 4. 喚起潛能 5. 提高自信 100% 6. 提供執行 100% 7. 一對一回饋	8 週
潛能諮詢課程	透過潛能激發喚起潛意識，增加人生自信與成就。	1. 掌握存在 2. 注意力、意識之力量 3. 擴大意識 4. 喚醒潛能意識 5. 優點諮詢 6. 轉換觀點 7. 克服挫折 8. 改變人生的目標	8 週

作者一人企業網站參考資訊

教育課程諮詢 070-4324-3967
Kakaotalk ID：1 인기업코칭연구소 1 인기업코칭연구소
一人企業導師研究所 www.mswitchon.com

■ 一人企業導師研究所提供免費影片課程「找尋心動志業的祕密」、「奇蹟的志業清單筆記」

0ACA4003 ——— 職場方舟

工作如果只為溫飽，那跟社畜有什麼兩樣？

（原書名：99%上班族不知道的工作祕密）

作　　者　徐敏俊
譯　　者　陳聖薇
選 題 人　林潔欣
封面設計　楊廣榕
內頁設計　徐思文、王信中
編輯協力　唐芩、黃慧文
主　　編　李志煌
總 編 輯　林淑雯
社　　長　郭重興
發行人兼出版總監　曾大福

出 版 者　方舟文化出版社
發　　行　遠足文化事業股份有限公司
231 新北市新店區民權路108-2號9樓
電話：（02）2218-1417
傳真：（02）8667-1851
劃撥帳號：19504465
戶名：遠足文化事業股份有限公司
客服專線　0800-221-029
E-MAIL　service@bookrep.com.tw
網　站　www.bookrep.com.tw
印　製　高典印刷有限公司
電　話：（02）2242-3160

定　　價　350元
二版二刷　2019年1月

缺頁或裝訂錯誤請寄回本社更換。

歡迎團體訂購，另有優惠，
請洽業務部（02）2218-1417 #1121、#1124

國家圖書館出版品預行編目（CIP）資料

工作如果只為溫飽，那跟社畜有什麼兩樣？
徐敏俊著；陳聖薇譯. －二版.
－新北市：方舟文化出版：遠足文化發行，2019.1
304面；14.8×21公分. --（職場方舟；0ACA4003）
ISBN 978-986-96726-7-2（平裝）
1.商業理財　2.職場成功法　3.自我實現
494.35　　107020439